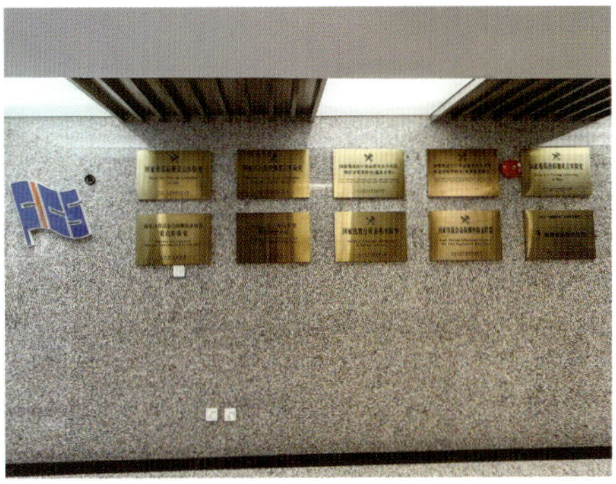

深圳海关食品检验检疫技术中心于2005年3月经中央机构编制委员会办公室批准成立，经过多年的跨越式发展，已拥有11个重点实验室。

深圳海关食品检验检疫技术中心是进出口食品风险溯源、预警和应急评估模型适用性研究的重要应用示范单位。

包先雨，安徽桐城人，博士，深圳海关信息中心、深圳市检验检疫科学研究院研究员，深圳市示范性劳模和工匠人才创新工作室领衔人，中国致公党中央科技委员会委员，海关总署科技委员会贸易便利化分专业委员会副主任委员。具有海关智能化及口岸现场查验装备研发经验，主导研发海关总署智慧卫生检疫系统、口岸食品风险溯源预警和应急评估模型、入境旅客携带物智能查验装置等。主持科技部、海关总署及深圳市等科研项目 9 项，发表论文 60 余篇，参与制定各类标准 100 余项，获省部级科技奖 11 项。获广东省五一劳动奖章（2021 年）、广东省标准化突出贡献一等奖（2024 年）等荣誉。

2022 年 5 月，深圳海关包先雨劳模和工匠人才创新工作室获深圳市命名授牌；同年 11 月，被深圳市命名为第六批深圳市示范性劳模和工匠人才创新工作室。

为充分发挥业务专长和技术优势，包先雨博士组建了科研团队，探寻智慧海关建设的“创新答案”，不断汇聚科技创新科研人才，传递与日俱增的“创新能量”。

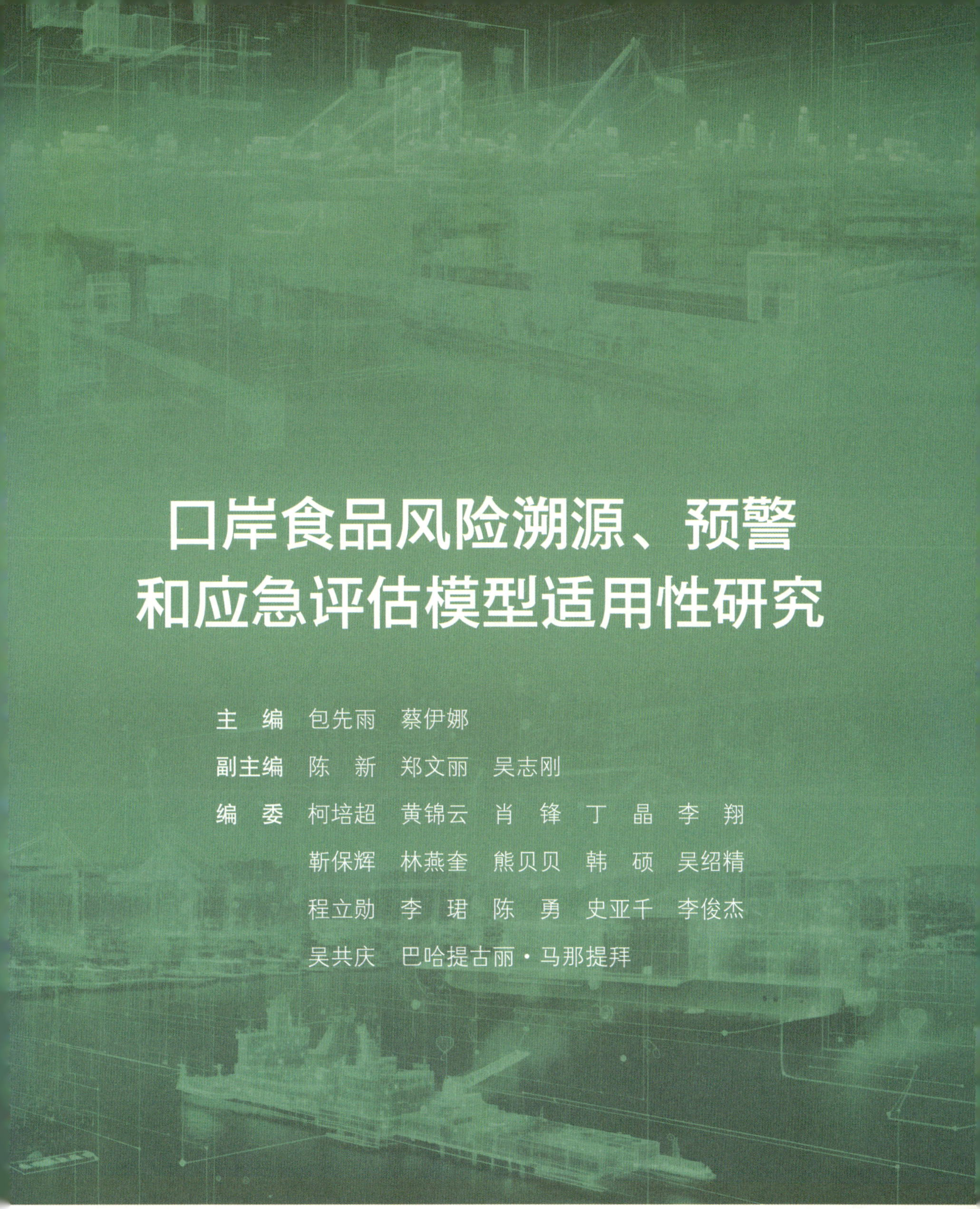

# 口岸食品风险溯源、预警和应急评估模型适用性研究


主　编　包先雨　蔡伊娜

副主编　陈　新　郑文丽　吴志刚

编　委　柯培超　黄锦云　肖　锋　丁　晶　李　翔

靳保辉　林燕奎　熊贝贝　韩　硕　吴绍精

程立勋　李　珺　陈　勇　史亚千　李俊杰

吴共庆　巴哈提古丽·马那提拜



中国科学技术大学出版社

## 内容简介

本书针对口岸食品贸易批次多、种类杂、来源广等特点，采用多维价值理论、模糊聚类、灰色关联分析等方法，探究口岸食品风险溯源、预警和应急评估模型 SMART 评价机制，研究模型对促进口岸食品贸易便利化的适用性程度；引入化学污染物和生物毒素危害识别、迁移和确证模块，构建一种形式化描述的口岸食品风险溯源、预警和应急评估模型；从信息系统实现角度开展快速检测与现场执法智能监控过程的数据优化、抽象和分类，统一 SMART 评价方案和形式化模型表达方式，集成开发模型软件系统，促进口岸食品贸易便利化，并实现在口岸执法场景下的应用。

本书可作为国际贸易研究、口岸食品风险监控领域广大科研工作者、学生参阅。

**图书在版编目(CIP)数据**

口岸食品风险溯源、预警和应急评估模型适用性研究 / 包先雨，蔡伊娜主编. -- 合肥 ： 中国科学技术大学出版社，2025.6. -- ISBN 978-7-312-06267-4

Ⅰ. TS201.6

中国国家版本馆 CIP 数据核字第 20254EV134 号

**口岸食品风险溯源、预警和应急评估模型适用性研究**

KOUAN SHIPIN FENGXIAN SUYUAN、YUJING HE YINGJI PINGGU MOXING SHIYONGXING YANJIU

**出版** 中国科学技术大学出版社
安徽省合肥市金寨路 96 号，230026
http://press.ustc.edu.cn
https://zgkxjsdxcbs.tmall.com

**印刷** 合肥华苑印刷包装有限公司

**发行** 中国科学技术大学出版社

**开本** 787 mm×1092 mm 1/16

**印张** 11

**插页** 2

**字数** 281 千

**版次** 2025 年 6 月第 1 版

**印次** 2025 年 6 月第 1 次印刷

**定价** 158.00 元

# 前　言

随着贸易全球化和我国经济社会发展水平的不断提高，进口食品已经成为我国消费者重要的餐饮来源。然而，口岸食品供应链的跨境化、贸易伙伴的差异化、风险因子的复杂化等因素给国际贸易食品安全监管带来巨大挑战。因此，进一步提高口岸食品风险的监管查验水平已成为食品监管领域的重要课题。

首先，本书针对口岸食品贸易批次多、种类杂、来源广等特点，结合口岸快速检测与现场执法智能监控的需求，利用多维价值理论对模型进行业务抽象，构建五维评价体系，包括安全性（safety）、可测性（measurasility）、精确性（accuracy）、时效性（responsiveness）和可移植性（transportability），形成促进食品贸易便利化的口岸食品风险溯源、预警和应急评估模型 SMART 综合评价方案。同时运用灰色关联分析（grey related analysis，GRA）方法，对 SMART 综合评价方案进行系统性诊断评估，以探究模型对促进食品贸易便利化的适用性程度。

其次，通过引入化学污染物和生物毒素危害识别、迁移和确证模块，利用建立的风险评估改进模型，将在模型中与该环节对应的节点的风险因子检测数据作为已知信息，利用公式进行贝叶斯反向推理，对口岸食品风险追溯，得出该环节之前的节点的后验概率。将抽检口岸食品不同环节等节点的特定风险因子的检测数据作为节点变量，并将主要变量引入公式计算，验证模型并进行改进。

再次，基于 Java 平台进行模型软件系统集成开发，将预先在模型软件系统中搭建好的“中间库”与 LIMS 等海关业务系统数据库进行 API 接口对接。“中间库”通过 DBLINK 方式接入并采集海关业务系统已授权的相关信息表或“同义词”，同时将口岸食品快速检测与现场执法智能监控过程等信息缓存至“中间库”。

最后，集成开发一套软件系统，并在全国若干个口岸执法现场进行部署与示范应用，推动食品安全质量管理由被动监督向主动出击转变、由粗放笼统向集约精准转变，并发挥大数据信息化优势，推动食品安全质量追溯体系逐步完善，促进进口食品全过程精准追溯，以期口岸食品“来源可查、去向可追、责任可究”，提高口岸食品安全监管工作效率，推动口岸食品“快检、快验、快放”，加快通关速度，降低通关成本，促进跨境贸易便利化。

本书在撰写过程中，参阅、借鉴并引用了相关文献、数据及资料等研究成果，在此对相关作者致以诚挚的谢意！

由于编者水平有限，书中难免存在疏漏和不足之处，恳请各位专家和读者批评指正！

编　者

2024 年 12 月

# 目　　录

# 第1章　国内外现状

## 1.1　研究背景和意义

党的十八大以来，在以习近平同志为核心的党中央的领导下，我国对食品安全的重视程度之高、法治建设之快、政策措施之严、改革力度之大前所未有，食品安全工作不断取得新进展、开创新局面，为进一步完善食品安全治理体系、提升治理能力奠定了坚实的基础。

同时，我们也清醒地认识到，口岸食品安全工作仍面临不少问题和困难。随着贸易全球化和我国经济社会发展水平的不断提高，进口食品已经成为我国消费者重要的食品来源。据世界贸易组织（World Trade Organization，WTO）统计，从2011年开始，我国已经成为全球第一大食品农产品进口市场。进口食品对于缓解资源压力、调节市场平衡、满足消费者的多样性需求具有举足轻重的意义。同时，国际贸易食品供应链的跨境化、贸易伙伴的差异化、风险因子的复杂化等因素给国际贸易食品安全管理带来巨大挑战。

根据海关总署统计的数据，2021年未准入境的肉制品、水产品、乳制品和酒精饮料等四大类进口食品共计1120批，不合格的主要原因有滥用食品添加剂、标签不合格、证书不合格、微生物污染、货证不符、未获检验检疫准入、包装不合格、重金属超标、检出有毒有害物质、检出动物疫病、感官检验不合格等。其中，口岸现场查验出的具有感官检验不合格、标签不合格、包装不合格、证书不合格、货证不符、未获检验检疫准入等问题的食品共计697批，占不合格进口食品总批次的62.2%；而由实验室检出的具有滥用食品添加剂、微生物污染、重金属超标、检出动物疫病等问题的食品共计423批，占不合格进口食品总批次的37.8%。

为进一步提高口岸食品的风险监管水平，针对口岸食品贸易批次多、种类杂、来源广等特点，本书构建了基于五维评价体系的SMART评价方案，研发了口岸食品风险溯源、预警和应急评估模型，并配套提供了海关信息技术工程标准，可量化口岸食品贸易便利化水平，显著提升口岸执法效率。

## 1.2　食品贸易便利化评价方法

### 1.2.1　模糊聚类

模糊聚类技术的数学理论基础是模糊数学[1]，在模糊数学中，某个元素可能部分属于一个集合,又可能部分属于另外一个集合。也就是说,某个元素并不是刚好整个落在一个集合当中。模糊聚类是一种无监督的学习方式[2],它不需要依赖预先定义的对象和带标签的实例,只需按照一定的要求和规律进行分类。模糊聚类的实现过程虽不需要人为干预,但它需要设定一些合适的参数,以保证聚类结果的正确。现实中,口岸食品数据往往具有模糊性,据此,本书采用模糊聚类分析,既考虑数据之间是否有关系,也考虑数据之间关系的深浅。

#### 1.2.1.1 数据标准化

为方便进行比较本书对原始口岸食品数据进行了标准化。模糊聚类数据标准化一般采用“平移-标准差”或“极差变换-归一化”两种方法。[3-5]

“平移-标准差”公式为

$$x'_{ij} = \frac{x_{ij} - \mu_j}{\sigma_j}$$

$$\mu_j = \frac{1}{n}\sum_{i=1}^{n} x_{ij}$$

$$\sigma_j = \sqrt{\frac{1}{n-1}\sum_{i=1}^{n}(x_{ij} - \mu_j)^2}$$

式中,$x_{ij}$为原始食品数据,$x'_{ij}$为平移标准差变换的食品数据,$\mu_j$为第$j$个指标的均值,$\sigma_j$为第$j$个指标的标准差。变换后的每个指标均值为0,标准差为1。尽管“平移-标准差”变换消除了量纲的影响,但变换后的数据却不一定在区间[0,1]内,为此可以对其进行“极差变换-归一化”,其公式为

$$y_{ij} = \frac{x'_{ij} - \min\limits_{1\leqslant i\leqslant n}(x_{ij})}{\max\limits_{1\leqslant i\leqslant n}(x_{ij}) - \min\limits_{1\leqslant i\leqslant n}(x_{ij})}$$

式中,$y_{ij}$即为归一化后的食品数据。

#### 1.2.1.2 确定指标权重

由于评价指标对模型的各个子机制质量的贡献率不是一样的,要以权重的方式加以体现。本书采用比例标度法确定权重,该方法计算较为方便,不需要一致性检验。具体步骤如下:① 对$n$个指标按照重要程度的非递减方式排序;② 比较相邻两个指标的重要性程度确定标度值$k_i$;③ 按照指标重要程度的传递性构造判断矩阵$\boldsymbol{K}$:

$$\boldsymbol{K} = \begin{bmatrix} 1 & k_1 & k_1k_2 & \cdots & k_1k_2\cdots k_{n-1} \\ 1/k_i & 1 & k_2 & \cdots & k_2k_3\cdots k_{n-1} \\ 1/(k_1k_2) & 1/k_2 & 1 & \cdots & k_3k_4\cdots k_{n-1} \\ \vdots & \vdots & \vdots & & \vdots \\ 1/(k_1k_2\cdots k_{n-1}) & 1/(k_2k_3\cdots k_{n-1}) & 1/(k_3k_4\cdots k_{n-1}) & \cdots & 1 \end{bmatrix}$$

式中,$k_i(i=1,2,\cdots,n-1)$为第$i$个指标相对于第$i+1$个指标的标度值。

由于$\boldsymbol{K}$是完全一致的,其最大特征值对应的特征向量为

$$\boldsymbol{V} = (v_1, v_2, \cdots, v_{n-1}, v_n) = (k_1k_2\cdots k_{n-1}, k_2k_3\cdots k_{n-1}, \cdots, k_{n-1}, 1)$$

由$\boldsymbol{V}$可以得到指标的权重为

$$w_j = \frac{v_j}{\sum_{i=1}^{n} v_i}$$

最终加权后的规范数据为

$$z_{ij} = w_j \cdot y_{ij}$$

#### 1.2.1.3　构建模糊相似矩阵

模糊相似矩阵是模糊聚类的基础，本书采用最大最小法构建该矩阵，其分辨率很高，判断较为准确。利用最大最小法计算相似系统：

$$s_{ij} = \frac{\sum_{k=1}^{n} \min(z_{ik}, z_{jk})}{\sum_{k=1}^{n} \max(z_{ik}, z_{jk})}$$

式中，$s_{ij}$表示样本$x_i$与$x_j$之间的相似程度，其值越大，表示两个样本越接近。

最终的模糊相似矩阵为

$$\boldsymbol{S} = \begin{bmatrix} s_{11} & s_{12} & \cdots & s_{1n} \\ s_{21} & s_{22} & \cdots & s_{2n} \\ \vdots & \vdots & & \vdots \\ s_{n1} & s_{n2} & \cdots & s_{nn} \end{bmatrix}$$

#### 1.2.1.4　构建模糊等价矩阵

模糊聚类要求的模糊关系矩阵具有自反性、对称性和传递性，而模糊相似矩阵一定具有传递性，因此，应该把模糊相似矩阵变换为模糊等价矩阵。对相似矩阵进行变换，可以采用二次法求传递闭包，即依次求相似矩阵的二次方、四次方、八次方等，直到闭包的自身相乘等于自身。

记通过二次法求得的模糊等价矩阵为 $t(\boldsymbol{S})$，把该矩阵中的元素按大小排序，这些数值组成分类阈值 $\lambda$ 系列，再根据 $\lambda$ 值确定截矩阵 $\boldsymbol{S}\lambda = [s(\lambda)_{ij}]_{n\times n}$。进而根据矩阵 $\boldsymbol{S}\lambda$ 分类数目，由 $\lambda$ 系列依次取值，进行动态聚类。矩阵 $t(\boldsymbol{S})$的元素如下：

$$t(\boldsymbol{S}) = \begin{cases} 1, & s_{ij}(t) \geqslant \lambda \\ 0, & s_{ij}(t) < \lambda \end{cases}$$

#### 1.2.1.5　初始聚类中心

针对不同的 $\lambda$，由模糊聚类可以得到不同的分类结果，因此，在实际应用过程中需要确定最佳阈值和分类数。通常由 $F$ 统计变量确定最佳阈值，再根据阈值得到最佳分类数。

### 1.2.2　多维价值理论

多维价值理论来源于 1980 年英国的 P. K. Mphrson 来我国作的关于多目标决策的专题报告。西安交通大学的王浣尘首先将其应用在工业技术系统的选择和设计中。[9]随后该理论陆续被用于评价水果（如猕猴桃、梨等）的品质。[10-11]多维价值理论可以用于评估各种类型的问题，具有很好的普适性。因此，本书也采用该理论的评估方法。

一般来说，模型所要进行评价的目标集可以定为 $G=\{G_1,\cdots,G_m,\cdots,G_M\}$，可供选择的方案集为 $A=\{A_1,\cdots,A_i,\cdots,A_p\}$。最高一级相对于方案 $A_i$ 的总价值记为 $V(A_i)$；往下一级对应于技术、社会和环境的分价值，分别记为 $W^{\mathrm{T}}$、$W^{\mathrm{S}}$ 和 $W^{\mathrm{E}}$；最低一级的价值是模型应该具有的一些品质，标记为 $Q=\{Q_1,\cdots,Q_i,\cdots,Q_k\}\subset G$。所谓的品质一般是能够精确描述或可直接评价的。在 SMART 评价方案中，这些品质为安全性（$S$）、可测性（$M$）、精确性（$A$）、时效性（$R$）和可移植性（$T$），即 $Q=\{S,M,A,R,T\}$。通过分析将 $Q$ 划分到 $W^{\mathrm{T}}$、$W^{\mathrm{S}}$ 和 $W^{\mathrm{E}}$ 中，考虑它们的定量关系 $V=\langle W^{\mathrm{T}} * W^{\mathrm{S}} * W^{\mathrm{E}}\rangle$，其中 $*$ 表示并合（conflation）运算，这样形成一个多级的目标树（objective tree），不同的“组合规则”（combinatorial rules）对应不同的情况，最终得到总价值，用于评价模型。

上述用到的多维价值组合规则主要有“标准组合规则”“混合组合规则”“向量组合规则”，可以根据不同的应用场景进行选择。

标准组合规则有代换规则 $W=1-\prod_{z=1}^{K}(1-q_z)$、加法规则 $W=\sum_{z=1}^{K}\omega_z q_z$、乘法规则 $W=\prod_{z=1}^{K}q_z\omega_z$，其中 $K$ 表示维数，$q_z$ 表示不同的品质，$\omega_z$ 表示加权系数（$0\leqslant\omega_z\leqslant 1,\sum\omega_z=1$）。

混合组合规则为 $1+\gamma W=\prod_{z=1}^{K}(1+\gamma c_z q_z)$，其中 $\gamma$ 为形式因子。当 $\gamma=-1$，$c_z=1(\forall K)$ 时，该规则退化为代换规则；当 $\gamma=0$，$\sum_z c_z=1$ 时，该规则退化为加法规则；当 $\gamma\gg 0$ 时，该规则退化为乘法规则。当在标准规则中选择哪一种具体规则不确定的时候，可以使用该规则。

向量规则主要有三种，即向量范数规则、向量距离规则和向量比率规则。向量范数规则具有代换规则的特征，即反对折中，不过与代换规则相比有所软化，即在各属性中不论哪一个处在最好的水平上，其相应的价值都比 1 要小一些。向量距离规则具有乘法规则的特征，即部分属性处于最低的水平时，其总价值不再是严格地取 0，而是取给定的较低的价值，因此比较符合客观实际。这里的向量距离规则以品质向量与理想点向量的距离为评估标准。

### 1.2.3 灰色关联分析

灰色系统理论（grey system theory）[6]是 1982 年由华中科技大学邓聚龙教授提出来的，灰色系统用颜色深浅反映信息量的多少。如果我们对一个系统一无所知，就可以说这个系统是黑色的；如果我们对一个系统的全部细节都非常清楚，信息量相当充足，就可以说这个系统是白色的。而介于黑白之间的系统，或者说信息不完全的系统，就是灰色系统。灰色关联分析技术是针对传统关联分析存在的弊端（如要求大量数据、要求分布典型、计算量大、可能出现反常情况等）而提出的一种系统分析技术。它实际上是系统动态发展的量化比较分析，通常系统的两个因素的曲线几何形态越相似，其发展变化态势越接近，其关联程度越大。

对于 SMART 评价方案，可以通过下列步骤完成灰色关联分析：

步骤一：根据模型的评价指标，收集分析数据。

假设 $n$ 个数据序列构成的矩阵如下：

$$(D_1, D_2, \cdots, D_n) = \begin{bmatrix} d_1(1) & d_2(1) & \cdots & d_n(1) \\ d_1(2) & d_2(2) & \cdots & d_n(2) \\ \vdots & \vdots & & \vdots \\ d_1(5) & d_2(5) & \cdots & d_n(5) \end{bmatrix}$$

步骤二:确定参考数据列。

参考数据列是一个理想的比较标准,可以把各指标的最优值或最差值构成参考数据列,将其记作

$$D_0 = [d_0(1), d_0(2), d_0(3), d_0(4), d_0(5)]^{\mathrm{T}}$$

步骤三:将指标数据无量纲化。

由于模型中各因素意义不同,其对应的量纲不一定相同,因此,为了便于比较,应该对数据进行无量纲化处理。用于灰色关联分析的常用无量纲化方法有均值化法及初值化法,分别由以下两式表示:

$$d'_i(k) = \frac{d_i(k)}{\frac{1}{m}\sum_{k=1}^{m} d_i(k)}$$

$$d'_i(k) = \frac{d_i(k)}{d_i(1)}$$

式中,$i=0,1,\cdots,n$;$k=1,2,\cdots,m$。

SMART 评价方案无量纲化后的数据序列构成如下矩阵:

$$(D'_0, D'_1, \cdots, D'_n) = \begin{bmatrix} d'_0(1) & d'_1(1) & \cdots & d'_n(1) \\ d'_0(2) & d'_1(2) & \cdots & d'_n(2) \\ \vdots & \vdots & & \vdots \\ d'_0(5) & d'_1(5) & \cdots & d'_n(5) \end{bmatrix}$$

步骤四:分别计算每个被评价对象的指标序列(即比较序列)与参考序列对应元素的绝对值:

$$|d'_0(k) - d'_i(k)| \quad (k = 1, \cdots, 5; i = 1, \cdots, n)$$

步骤五:在步骤四的基础上进行计算。

$$M = \min_{i=1,\cdots,n}(\min_{k=1,\cdots,5}(|d'_0(k) - d'_i(k)|)), \quad N = \max_{i=1,\cdots,n}(\max_{k=1,\cdots,5}(|d'_0(k) - d'_i(k)|))$$

步骤六:计算关联系数。

分别计算每个参考序列和比较序列对应元素的关联系数:

$$\zeta_i(k) = \frac{M + \rho \cdot N}{|x_0(k) - x_i(k)| + \rho \cdot N}$$

式中,$k=1,2,\cdots,5$,$\rho$ 为分辨系数,$0<\rho<1$,通常取 0.5。分辨系数越小,关联系数间的差异越大,区分能力越强。

当使用各指标的最优或最差值构成参考数据序列计算关联系数时,可用以下简便的计算方法:

$$\zeta_i(k) = \frac{\min_i |d_0(k) - d_i(k)| + \rho \cdot \max_i |d_0(k) - d_i(k)|}{|d_0(k) - d_i(k)| + \rho \cdot \max_i |d_0(k) - d_i(k)|}$$

通过这种计算方法可以省略步骤三,同时也避免了无量纲化对指标作用的某些负面作用。

步骤七：计算关联序。

对比较序列分别计算每个指标与参考序列对应元素的关联系数的均值，从而反映各评价对象与参考序列的关联关系，该关系称为关联序，记作

$$r_{0i} = \frac{1}{5}\sum_{k=1}^{5} \zeta_i(k) \quad (k = 1,2,\cdots,5)$$

步骤八：综合各指标所起的不同作用，对关联系数求加权平均值：

$$r'_{0i} = \frac{1}{5}\sum_{k=1}^{5}(W_k \cdot \zeta_i(k)) \quad (k = 1,2,\cdots,5)$$

式中，$W_k$ 为每个指标的权重。

步骤九：根据每个观察对象的关联序，最终得到分析结果。

### 1.2.4 安全等级测评

信息安全等级保护制度是一项基本制度，旨在提高信息安全保障能力，维护国家安全、社会稳定和公共利益，保障和促进信息化建设健康发展，是开展信息安全保护工作的有效办法。[7]等级保护测评是对系统确定的安全等级开展合规性评判，系统的安全等级根据系统的业务信息安全级别和系统服务安全级别确定。[8]

等级保护测评过程可归纳为以下步骤[9]：① 对系统的基本情况进行调查，了解系统的定级要求、资产构成、网络拓扑、主要业务以及曾经发生的安全威胁等情况；② 根据系统的基本情况确定测评对象、测评内容和测评指标；③ 根据选定的测评对象和测评指标，按照等级保护基本要求和测评要求等相关标准，对选定的测评对象和测评指标逐一开展现场测评；④ 根据测评结果，对系统进行单元测评、整体测评和总体安全状况分析，在进行总体安全状况分析时，重点考虑在现有的安全保障措施下，对测试中发现的安全问题进行风险评估。

安全等级测评即对口岸食品风险溯源、预警和应急评估模型的安全性进行评估。具体实施过程如下：

**1. 定级对象的确定**

确定定级对象的模型是指由计算机或者其他信息终端及相关设备组成的按照一定的规则和程序对信息进行收集、存储、传输、交换、处理、服务的系统。[10]根据相关文献可知定级对象的三个基本特征：① 具有唯一确定的安全责任单位；② 具有信息系统的基本要素；③ 承载单一或相对独立的业务应用。因此，定级对象口岸食品风险溯源、预警和应急评估模型的实现系统，可通过系统的测评来反映模型的安全情况。[11]

**2. 定级级别**

口岸食品风险溯源、预警和应急评估系统涉及八个口岸，系统的安全运行保证了口岸的正常运作。根据《信息安全技术　网络安全等级保护定级指南》(GB/T 22240—2020)的要求，信息系统遭到破坏后，会对社会秩序和公共利益造成严重损害。客观方面表现的侵害结果为：① 影响系统正常运行及单位形象；② 对平台涉及的公民、法人、其他组织的合法权益造成特别严重的损害；③ 对社会秩序和公共利益造成严重的损害。因此，该系统考虑定级为第三级。

**3. 等级保护差距评估和自测评**

口岸单位的信息网络技术人员在前期通过对系统进行全面的梳理，依托第三方公司对

系统进行自测评，从而使信息网络决策者及负责人能更快、更清楚地了解本单位的信息系统情况及整体的信息安全状况，以便开展后期的安全建设及整改工作。

通过对定级的系统进行自测评的结果数据分析，我们对系统的安全状况有了初步的判断。主要涉及以下几个方面的安全内容：

（1）物理安全

机房部分地方的防水保护不够完善，湿度过高易引起设备故障；无法对出入人员进行有效控制并自动进行记录；未授权用户可以容易地访问机房等敏感物理区域，可能会对系统的平稳运行造成影响。

（2）网络安全

未设置严格的接入控制措施，存在违规接入的风险；网络设备未采用两种或两种以上的组合身份鉴别，一旦用户口令被窃取，将无其他鉴别机制来抵御授权登录设备等风险。

（3）主机安全

数据库未重命名，外部人员可能会猜测出系统用户名口令，造成信息泄露；部分服务器未安装网络版恶意代码软件，可能导致服务器异常、信息数据泄露、非授权访问等；未对操作系统的服务水平进行检测和报警，管理者无法及时预估可能出现的异常事件。

（4）应用安全

部分通信未使用密码技术，可能导致重要数据在传输过程中被攻击者劫持、篡改；有些子功能未使用相关设备等对系统进行自动保护，当故障发生时无法自动恢复。

（5）管理安全

部分安全管理不规范，给系统安全稳定运行带来安全隐患；没指定专人负责恶意代码库的升级，可能存在信息系统感染恶意代码，进而导致信息泄露的风险。

**4. 安全建设与整改**

根据差距分析与自测评的情况，我们可分析出已有系统与信息安全等级保护之间的差距，通过参照信息系统当前的等级要求及标准，购买并使用相应级别的信息安全产品，进一步采用安全防护技术措施，对现有系统进行加固，分析结果也可为模型的改进提供依据。

## 1.3　计算机技术在食品安全领域中的应用

计算机技术目前已高度融入人们的日常生产和生活中。如今食品工业的生产链不断延长，传统的人工控制方法逐渐不能适应食品现代化工业的发展，计算机技术具有处理数据量大、实时监测、全程监测等优点，可为保障食品的质量和安全提供诸多便利。本节汇总各类文献的报道，介绍各类技术的基本概况，分析各类技术的特点和优势，简要阐述一些计算机技术在食品安全领域的应用。

### 1.3.1　数据挖掘

数据挖掘(data mining)是指从隐藏在大型数据集中有用但不明显的信息中提取有意义的知识，大数据分析已在许多行业得到应用，因为它能够将大量数据转化为有价值的业务和运营决策的见解。[12]先进的数据挖掘技术已经应用于食品行业供应链的许多部门,之前的工作主要集中在分析仪器生成的数据,如来自高光谱成像、光谱学和生物识别受体的数据。[13]由于大数据分析的进步,文本数据在食品和营养等研究领域的重要性引起广泛关注,文本数据分析在食品安全和食品欺诈行为监测、饮食模式表征、消费者意见挖掘、新产品开发、食品供应链管理等方面可发挥重要作用,提供智能化的决策依据,以改善食品的质量与安全。[14]数据挖掘有三个主要处理阶段,分别是数据预处理(准备用于挖掘的目标数据)、数据模式发现(识别目标数据的模式)以及模式评估与呈现,最终获得有价值的信息。[15]例如,消费者生成的互联网数据已被广泛用于提取有价值的食品质量和偏好信息,传统的收集消费者反馈信息的方式如问卷调查,其调查范围极其有限,而社交媒体已被证明是获取消费者偏好数据和实现产品开发决策的强大工具,从中所挖掘的有价值的数据已被许多公司用来协助产品的推广和营销。[16]此外,数据挖掘方法还可以用于研发新型食品、分析食品中重要成分与风味和营养之间的联系、优化食品供应链管理以及其餐饮服务质量等方面,有效助力食品质量和安全、消费者健康和营养等方面的相关研究。[17-18]

将数据挖掘技术应用于真菌毒素防控和风险评估等领域的研究有:基于前期获取的四种曲霉菌在干腌火腿成熟过程相似的条件下,产生的黄曲霉毒素(aflatoxins,AFT)情况的相关数据,使用数据挖掘方法预测黄曲霉和寄生曲霉在污染干腌火腿后、在火腿成熟过程中AFT 的污染情况,预测结果的相关系数大于 0.74 且误差小于 0.38,这种数据挖掘方式可确定影响 AFT 产生的关键因素,监测与温度和气候变化有关的风险以减少与干腌火腿中 AFT 有关的危害。[19]还有研究人员分别收集了高光谱成像仪、多光谱仪和高光谱相机的数据集,提出了一种基于加权投票的大数据关键波长挖掘方法,选定了用于检测花生黄曲霉毒素 B1(aflatoxins B1, AFB1)污染的关键波长,并建立了基于多边形反射镜的 AFB1 污染花生的在线分选检测方法。[20]

## 1.3.2 机器学习算法

机器学习(machine learning)是指通过计算机技术模拟人类的学习方式和过程,以外部输入的大数据信息为学习对象,对数据信息进行收集、处理、分析、储存以及统计,推导出其中的规律,从而建立模型,再用于对未知数据的预测,而无需提前进行编译。[21]简要地说,就是利用已知数据和样本训练模型,发现其中的规律,并实现对未知数据或未来趋势的准确预测,属于分析归纳后得出变化趋势的方法。机器学习涉及统计学、概率论等学科,广泛应用于人工智能、经济数据分析与预测、生物遗传信息分析等研究领域,尤其在交叉学科的研究中起到重要作用。传统机器学习算法涉及提取小样本集的特征,具有模型有效性与可解释性较为平衡的优点,提供了样本量有限时解决学习问题的框架。传统机器学习根据训练方法和训练数据是否有标签可细分为监督学习(supervised learning)、无监督学习(unsupervised learning)和强化学习(reinforcement learning)。[22]传统机器学习算法的重要理论基础之一是统计学,主要包括模式分类、回归分析、概率密度估计等,相关算法包括支持向量机(support vector machine,SVM)、逻辑回归(logistic regression,LR)、$K$ 最近邻算法、$K$ 均值算法、贝叶斯网络、模糊 $C$ 均值聚类算法、决策树(decision tree,DT)及随机森林(random forest,RF)等,还包括常用的数据降维方法(dimensionality reduction methods),在机器学习技术的实际应用中,当特征数量增加超过某个临界点时,分类器的性能会下降,因此,通常需要首先减小特征向量的维数，主成分分析（principal components analysis，PCA）和线性判别分析（linear discriminant analysis，LDA）是广泛用于特征选择的降维方法。[23]

机器学习算法在食品安全领域的应用主要有食品安全和质量评估、加工过程和包装的监测、异物检测等。在食品安全和质量评估中应用的案例有，使用模式识别算法来分离茎和花萼，并检测出患病的蓝莓，即用于蓝莓缺陷自动检测的机器视觉系统，然后使用 LDA、SVM 等作为测试模型来确定最佳分类器[24]；使用介电光谱和计算机视觉系统评估初榨橄榄油质量的非破坏性方法，基于相关的特征选择方法提取介质特征和颜色特征降低输入数据的维数，采用人工神经网络（artificial neural networks，ANN）、SVM 和贝叶斯网络选择分类器模型[25]；使用机器视觉技术根据特定目标在不同光谱范围的高光谱图像，对图像进行校正和分割，使用 PCA、连续投影算法等统计算法来选择与目标食品中某些化合物的检测和预测相关的最显著波长，用于确定番茄汁、橄榄、大豆、芝麻和奶酪中的特定重要成分的含量[26]。

运用传统机器学习技术对食品异物检测和食品加工过程监测的研究也常见于文献报道，如使用激光后向散射成像系统检测柑橘类水果中由真菌引起的腐烂，并使用高斯-洛伦兹叉积分布函数实现最高的 93.4%的总体分类准确度[27]；从图像中提取空间域的统计特征，然后使用 SVM 分类器预测食品中丙烯酰胺的存在，预测的准确率和灵敏度分别为 94%和 96%[28]；采用图像分割方法计算饼干上褐变部分与整块饼干的区域比例，以监控烘焙过程，检验烘焙食品的质量，该方法还可用于评价薯片的安全性，因为薯片的褐变率与丙烯酰胺浓度具有线性相关性[29]。

与食品中真菌毒素污染相关的研究有：使用机器学习算法设计基于风险的饲料产品中 AFB1 的监测方案，同时考虑监测成本和模型性能，应用四种不同的算法包括 DT、LR、SVM 和极端梯度提升（extreme gradient boosting，XGBoost），以预测需进一步采样和分析的 AFT 污染风险的饲料批次[30]；采用机器学习方法，以种植制度因子为输入变量，对玉米建立基于气候的机制模型，预测 AFB1 的污染水平，模型都可达到大于 75%的准确率，表明该方法相对于经典统计方法（即简单或多元线性回归模型）具有明显优势[31]；结合 XGBoost 和贝叶斯网络建立模型预测真菌毒素污染水平，建立将天气、真菌生长和 AFT 生产相联系的输入特征，总体准确率约为 94%，模型将检测到的早期事件与农作物收获时的真菌毒素污染水平建立关联，可以直接帮助农民和生产商实施有效的管理措施，避免经济损失[28]；基于波段指数的高光谱数据在线快速检测辣椒的 AFT 污染程度，利用单个光谱波段的能量值和连续光谱波段的差分图像作为特征向量，采用多层感知器（multilayer perceptron，MLP）和 LDA 作为分类器，可以基于更少的光谱波段构建鲁棒性和分类性能更好的机器视觉系统[32]。

### 1.3.3　深度学习算法

深度学习（deep learning）也称为深度神经网络（deep neural network），是一种通过多层迭代函数来构建深度架构和生成模型的学习方法，其学习效果优于传统的机器学习方法，尽管可解释性不如传统的机器学习方法。[33]深度学习算法基于数据的表征进行学习，其观察值的表示形式有很多种，如像素的强度值、图像亮度和饱和度等，或者是一系列边缘或特定形状的区域等更为抽象的表示形式。常见的几种深度学习框架有 ANN、反向传播神经网络（back propagation neural network，BPNN）、卷积神经网络（convolutional neural network，

CNN)和全卷积网络(fully convolutional network,FCN)等,这些方法已被广泛应用于计算机视觉、语音识别、自然语言处理和生物信息学分析。[34]

ANN是一种相对简单的神经网络结构,包括一个简单的感知层和使用数学函数来找到输入和输出结果的加权和。ANN的结构包括输入层、隐藏层和输出层,其中输入层用于输入外部数据再转换为可量化特征,输出层用于获得概率预测结果。[35] BPNN又称BP神经网络,是一种信号前向传播、误差反向传播的多层前馈神经网络,也是应用较为广泛的神经网络模型。BPNN计算损失函数的梯度后反馈给优化算法用于更新权值,使损失函数降到最低,因此为了损失函数梯度的反向传播,BPNN要求输入值都应具有预期的已知输出,BPNN的学习过程分为前向传播和反向传播,以进行激励传播和权重更新的重复迭代。[36] CNN包括一系列卷积层、非线性层、下采样层、全连接层以及输出层,是最能描述图像单个类别或类别组的概率的深度学习算法,在卷积层中计算输入图像和滤波器权重矩阵之间的点积,将结果用作图层的输出。[37] FCN与CNN相比,用卷积层替换了CNN的最后一个全连接层,输出结果为标记的图片。FCN与经典的CNN的不同之处在于,FCN对输入图像的大小没有要求,可以使用反卷积层进行特征图像上的采样,而反卷积层可以将输出图像恢复至原始图像大小,在输出每个像素预测结果的同时还能保留原始图像的全部空间信息。[38]

深度学习算法在上述食品加工和质量监控等领域也多有应用,以神经网络为代表的各项技术也展现出良好的性能。应用的案例主要有:利用计算机视觉和近红外光谱(near-infrared spectroscopy,NIR)方法,根据鱼类图像获取鱼类的感官和结构变化信息,利用PCA方法提取特征信息后经算法评估,建立一种BPNN模型来预测鱼的新鲜度[39];利用摄像机传感器从鸡肉中提取颜色、几何和纹理特征,然后采用偏最小二乘回归(partial least squares regression,PLS)法、LDA和ANN对数据进行分类,实现食品的在线分离和分选[40];利用区域建议网络(region-proposal network,RPN)和三维卷积网络(3D convolutional network,3D-CN)提出一种序列深度学习框架,并基于高光谱图像提出肉制品的异物检测方法,基于RPN和3D-CN的异物监测模型平均准确度可达81.0%和50.6%,展示了高光谱成像系统结合深度学习技术进行实时目标物质检测时的良好性能[41]。

深度学习算法在真菌毒素污染防控和风险评估等领域中的应用也常见于文献报道,基于高光谱成像和机器学习的机器视觉系统用于识别和分拣被AFT污染的花生和辣椒,采用SVM对花生的识别准确率达95.5%,RMSE和$R^2$分别为0.0223和0.9785,而使用深度学习的FCN可使得像素级的识别率达95%以上[42];利用机器学习和神经网络预测脉冲电场(pulsed electric fields)处理对红辣椒片中寄生曲霉的生长抑制和AFT污染防控的效果,基于梯度增强回归树(gradient boosting regression tree,GBRT)、随机森林回归(random forest regression,RFR)和ANN的模型在预测寄生曲霉灭活效果时的RMSE和$R^2$最低,而基于ANN的模型在预测AFB1、AFB2和AFG1降解的RMSE和$R^2$最低[43];集成马尔可夫转移场(Markov transition field,MTF)图像编码和CNN,构建一种基于NIR的深度学习模型来监测玉米种AFB1的含量,与一维CNN模型相比,二维MTF-CNN模型的预测均方根误差、预测确定系数和相对偏差百分比分别为1.3591 μg/kg、0.9955和14.9386,其性能得到了显著提高,该方法更直观地反映了近红外光谱的内在特征,为深度学习模型的构建提供了更丰富的光谱信息,可以保证深度学习定量检测模型的检测精度和泛化性能[44]。

### 1.3.4 物联网技术

物联网(internet of things,IoT)技术是指通过无线电频谱识别(radio spectrum recognition)和其他消息检测设备将所有物体连接到互联网,以实现智能识别和管理。[45]也可以说,IoT是一种将各种传感器连接到可用网络的新技术,其通过不同的信息传感设备,如红外感应器、射频识别(radio frequency identification,RFID)、激光扫描器及全球定位系统(global positioning system,GPS)等,将不同的物品与互联网相连,便于通信和信息交流,从而实现对物品的智能识别、跟踪、监控、定位及管理。[46]

IoT技术对建立全产业链、信息化的食品安全追溯系统至关重要,基于IoT技术建立的食品溯源管理系统可具备生产源数据监管、防伪二维码生成、物品销售、物流跟踪、防伪溯源等功能,全面保障食品安全和消费者权益。[47]IoT技术在食品质量与安全监管中的应用案例如下:为提高羊肉溯源效率并解决数据传输问题,研究人员分析了现有的跟踪算法,提出了食品溯源应用模型、食品溯源Petri网络模型和基于IoT的食品溯源时间序列数据的改进K均值算法,该溯源应用模型对异构信息进行转换、整合和挖掘,实现了食品安全溯源信息管理,Petri网络模型对食品溯源过程中的状态转换进行了分析和仿真,为研究食品溯源系统中描述的行为和结构设计提供了理论依据,实验结果表明,基于IoT的羊肉溯源方法比传统的$K$均值算法更有效。[48]在基于IoT建立的食品安全追溯系统的基础上,为保证源数据、防伪数据、产品标签等的一致、完整和不可篡改,已有研究提出结合新兴的区块链技术,进一步提高食品追溯系统的安全性,为监管部门打击假冒伪劣商品、处罚食品欺诈行为提供帮助。[49]目前,已有研究报道IoT技术在真菌毒素污染监测方面的应用,主要是与高灵敏度的生物传感器相结合,以便对AFT进行快速在线检测和对数据进行快速传输,如IoT集成基于二维过渡金属碳化物、氮化物或碳氮化物(即MXenes)的用于AFT检测的生物传感设备,以实现AFT的高灵敏检测和数据的实时分析处理;基于二茂铁多壁碳纳米管开发的免疫传感器用于AFB1检测,并开发一种具备无线数据传输功能的AFB1掌上快速检测设备,以实现AFB1的在线检测和数据实时上传,提高了监管工作的效率。[50-51]

综上所述,利用计算机技术,主要是数据挖掘、机器学习、深度神经网络、物联网等技术的复杂数据处理、分类效果好的优势,结合光谱、视觉图像等快速、无损的检测技术可以为危害防控或风险评估提供方法。

## 1.4 口岸食品追溯现状

### 1.4.1 口岸食品追溯业务流程研究

结合海关当前的相关业务背景以及管控要求,对追溯主业务流程进行分析研判后,梳理如下:

① 追溯参与方注册备案:追溯责任主体通过平台注册导引完成企业信息注册并提交审

核。业务主管部门依照执行制度，查看提交的企业注册信息，并完成审核。

② 口岸食品编码标准管理：海关统一管理、维护口岸食品信息及相应的标准编码。

③ 口岸食品申报：追溯参与方在平台进行口岸食品信息预申报。通过后，自动根据申报内容形成口岸食品追溯档案。

④ 追溯码报备：进口企业在口岸食品追溯档案下报备该批口岸食品所使用的追溯码。通过追溯码录入产品源头、加工、检测、配送、物流、销售等各环节的关键信息，可以对产品进行全周期可追溯。

⑤ 申报企业可根据食品特征，对追溯食品的可追溯单元赋予用于追溯的码值。赋码载体包括但不限于包装标识、追溯标签、追溯身份卡或交易凭证等。

⑥ 通关前追溯数据采集：食品通关前，通过平台采集或由追溯参与方将待通关食品的追溯数据收集更新至平台系统。系统进行数据比对、匹配、清洗、合并，构造完整的进口食品追溯链信息。

⑦ 通关后追溯数据采集：由追溯参与方将国内流通追溯数据上传至平台；数据内容包括但不限于食品仓储信息、食品运输信息、食品消费（使用）信息等。

⑧ 追溯信息查询应用：相关业务部门依据业务需要，自主筛选、调阅、跟踪、分析进口食品溯源信息。

⑨ 来源公信溯查：提供公众查询入口，溯查通关与检验等溯源信息。

⑩ 市场消费反馈：为公众提供进口食品安全信息举报窗口，作为食品安全风险来源反馈之一，响应并处理。

⑪ 召回支撑：当业务主管部门视情况对进口可追溯食品发起召回流程时，系统可依据食品追溯链路情况，提供食品去向信息支撑。

### 1.4.2 口岸食品风险预警核心业务流程研究

对风险预警主业务流程进行分析研判后，梳理如下：

① 收集口岸食品的风险以及相关风险等相关网络信息，对接实验室数据，形成风险预警基础数据库。

② 业务人员关注并跟进相关口岸食品风险以及相关风险信息，分析预判可能存在的风险与程度，根据食品安全风险适当调整食品查验工作重点。

③ 业务主管部门视情况发起风险通知，将相关风险预警信息发送至相关业务部门及工作人员。

④ 业务部门定期识别、复盘口岸食品风险以及相关风险的预警特征，维护风险特征词库，更新预警模型。

⑤ 业务相关工作人员关注不同来源国、口岸食品、进口公司的进口食品风险信息，以及风险预警，适当调整食品查验工作重点。

⑥ 风险预警下达后，系统将风险预警信息发送至相关窗口。

⑦ 业务部门主管定期按不同维度、范围分析并统计当前的食品安全风险。

### 1.4.3 现有食品追溯管理平台分析

全国进口冷链食品追溯管理平台(以下简称国家平台)于 2020 年 12 月 1 日正式上线运行,2021 年 1 月 13 日实现与 32 个省级平台对接,构建国家级平台、省级平台和企业级平台共同组成的三级架构,旨在形成畜禽肉、水产品等重点进口冷链食品全链条信息化追溯。

进口冷链食品追溯数据流转架构如图 1.1 所示[52],分为国家平台、省级平台以及各生产加工环节中涉及进口冷链食品企业管理的企业平台。

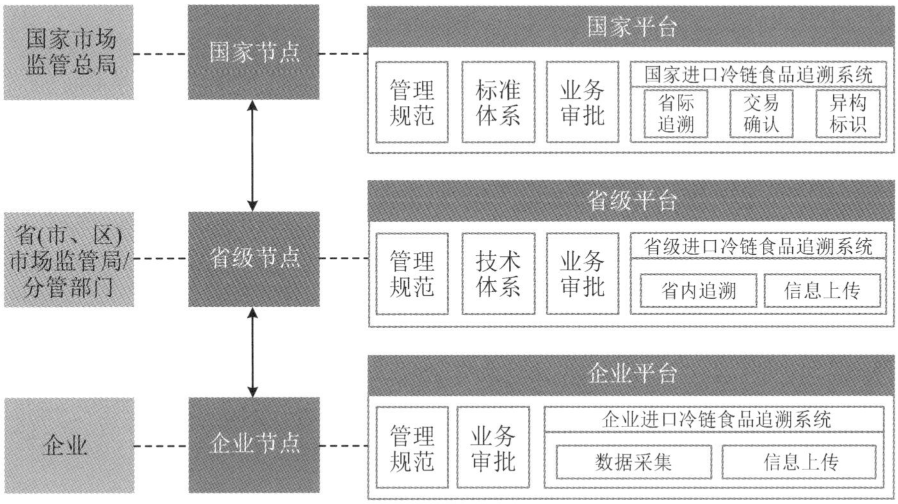


**图 1.1 数据流转架构**

国家节点是进口冷链食品追溯体系的顶级节点,负责数据的交换互通,具体包括各省份数据的汇总展示、应急情况的监督预警、各省份考核的科学依据以及各省份数据的交换校验。国家平台负责进口冷链食品追溯管理工作的统筹规划、组织协调、监督检查,制定相关的标准规范和规章制度,指导和评价进口冷链食品的管理与追溯工作,负责进口冷链食品的信息监管,持续推动进口冷链食品的全流程监管工作。

省级节点与国家节点、企业节点进行对接,负责省(市、区)企业及食品的监督管理,实现省(市、区)食品从“口岸”到“餐桌”的全流程监管追溯体系。省级平台主要负责省(市、区)进口冷链食品的管理工作,负责对省(市、区)企业的监督检查及相关数据的收集、核实与追溯、处置工作。同时,依据《关于进一步做好冷链食品追溯管理工作的通知》中的要求,依照属地管理原则,指导督促重点冷链食品供销企业与省级平台对接,追溯关键信息。企业平台主要负责进口冷链食品的出入库、索证索票、检验检疫证明、消毒证明的登记与管理等工作。

在进口冷链食品“物防”工作实践中,集中监管在快速排查检出阳性事件、切断潜在疫情传播渠道、提升问题冻品应急处置效率、节约处置成本等方面发挥了重要作用。为规范各地集中监管仓建设、运行和信息化工作,国家市场监督管理总局印发《进口冷链食品集中监管仓建立与运行技术指南》等文件,指导各地市场监管部门依托集中监管仓,加强追溯闭环管理。对海关口岸放行的进口冷链食品入库统一消杀、统一检测,获得出仓证明后,方可进入市场销售。推动进口冷链食品集中监管仓信息化管理,建立集中监管仓主体信息和出入仓进口冷链食品追溯信息电子档案,动态更新数据,开展网络巡查,及时进行风险预警,形成责任闭环。浙江、广东、重庆等 24 个省(市、区)市场监管部门积极推进,规范管理,向国家平台实时对接集中监管仓视频数据,实现对进口冷链食品的网络巡查、远程监管。国家平台加强了进口冷链食品从口岸到境内生产、流通、销售的全程防控,加大了对来源不明、相关票据不全的进口冷链食品的查处打击力度。[53-58]

# 参考文献


[1] Kaltz J, Lindell Y. Introduction to modern cryptography: principles and protocols[M]. Boca Raton: CRC Press, 2007.

[2] Binder R. Testing object-oriented systems: models, patterns, and tools[M]. New Jersey: Addison-Wesley Professional, 2000.

[3] Jorgensen M. Experience with the accuracy of software maintenance task effort prediction models[J]. IEEE Transactions on Software Engineering, 1995, 21(8): 674-681.

[4] Olsson H, Sandberg A, Bosch J, et al. Scale and responsiveness in large-scale software development [J]. IEEE Software, 2013, 31(5): 87-93.

[5] 王海霞, 易树平, 杨文彩, 等. 系统响应时间对人-信息系统交互效率的影响[J]. 人类工效学, 2007 (3): 4-6.

[6] 游锦明, 方守恩, 张兰芳, 等. 高速公路实时事故风险研判模型及可移植性[J]. 同济大学学报(自然科学版), 2019, 47(3): 347-352.

[7] 谢季坚, 刘承平. 模糊数学方法及其应用[M]. 武汉: 华中理工大学出版社, 2005.

[8] 高新波. 模糊聚类分析及其应用[M]. 西安: 西安电子科技大学出版社, 2004.

[9] 王浣尘. 多维价值准则在工业技术系统选择和设计中的应用[J]. 机器人, 1982(1): 11-21.

[10] 吴亚楠, 刘婷, 刘惠民. 运用多维价值理论评价引种黄金果猕猴桃果实品质[J]. 安徽农业科学, 2016, 44(12): 111-113.

[11] 黄曙光, 杨谷良, 方传锦. 运用多维价值理论对 40 个梨品种果品品质的评价[J]. 湖南林业科技, 2003, 30(4): 26-27.

[12] 刘思峰, 党耀国, 方志耕, 等. 灰色系统理论及其应用[M]. 北京: 科学出版社, 2010.

[13] 戴丽金, 张丽娜, 巫立华, 等. 福建地震信息系统等级保护应用实践[J]. 网络安全技术与应用, 2020, 10: 156-157.

[14] 全国信息安全标准化技术委员会. 信息安全技术: 网络安全等级保护定级指南[S]. 北京: 中国标准出版社, 2020.

[15] 张彦, 马延妮, 司群. 基于等级保护思想的网络安全风险评估关键技术研究[J]. 铁路计算机应用, 2020, 29(8): 28-32.

[16] 于海. 信息安全等级保护在电力信息系统中的应用分析[J]. 信息技术与信息化, 2018, 224(11): 215-217.

[17] Kleboth J A, Kosorus H, Rechberger T, et al. Using data mining as a tool for anomaly detection in food safety audit data[J]. Food Control, 2022, 138: 109004.

[18] Jimenez-Carvelo A M, Cuadros-Rodríguez L. Data mining/machine learning methods in foodomics [J]. Current Opinion in Food Science, 2021, 37: 76-82.

[19] Tao D, Yang P, Feng H. Utilization of text mining as a big data analysis tool for food science and nutrition[J]. Comprehensive Reviews in Food Science and Food Safety, 2020, 19(2): 875-894.

[20] Liu L, Wen J, Zheng Z, et al. An improved approach for mining association rules in parallel using

spark streaming[J]. International Journal of Circuit Theory and Applications, 2021, 49(4): 1028-1039.

[21] Masson E, Bubendorff S, Fraïssé C. Toward new forms of meal sharing? Collective habits and personal diets[J]. Appetite, 2018, 123: 108-113.

[22] Simas T, Ficek M, Diaz-Guilera A, et al. Food-bridging: a new network construction to unveil the principles of cooking[J]. Frontiers in ICT, 2017, 4: 1-18.

[23] Drury B, Roche M. A survey of the applications of text mining for agriculture[J]. Computers and Electronics in Agriculture, 2019, 163: 104864.

[24] Peromingo B, Caballero D, Rodríguez A, et al. Application of data mining techniques to predict the production of aflatoxin B1 in dry-cured ham[J]. Food Control, 2020, 108: 106884.

[25] Huang Z Z, Deng L M. Application driven key wavelengths mining method for aflatoxin detection using hyperspectral data[J]. Computers and Electronics in Agriculture, 2018, 153: 248-255.

[26] Zhu L, Spachos P, Pensini E, et al. Deep learning and machine vision for food processing: a survey [J]. Current Research in Food Science, 2021, 4: 233-249.

[27] Kavakiotis I, Tsave O, Salifoglou A, et al. Machine learning and data mining methods in diabetes research[J]. Computational and Structural Biotechnology Journal, 2017, 15: 104-116.

[28] De Almeida V E, De Sousa F D D, Diniz P H G D, et al. Scores selection via Fisher's discriminant power in PCA-LDA to improve the classification of food data[J]. Food Chemistry, 2021, 363: 130296.

[29] Leiva-Valenzuela G A, Aguilera J M. Automatic detection of orientation and diseases in blueberries using image analysis to improve their postharvest storage quality[J]. Food Control, 2013, 33(1): 166-173.

[30] Sanaeifar A, Jafari A, Golmakani M T. Fusion of dielectric spectroscopy and computer vision for quality characterization of olive oil during storage[J]. Computers and Electronics in Agriculture, 2018, 145: 142-152.

[31] Barreto A, Cruz-Tirado J P, Siche R, et al. Determination of starch content in adulterated fresh cheese using hyperspectral imaging[J]. Food Bioscience, 2018, 21: 14-19.

[32] Lorente D, Zude M, Idler C, et al. Laser-light backscattering imaging for early decay detection in citrus fruit using both a statistical and a physical model[J]. Journal of Food Engineering, 2015, 154: 76-85.

[33] Dutta M K, Singh A, Ghosal S. A computer vision based technique for identification of acrylamide in potato chips[J]. Computers and Electronics in Agriculture, 2015, 119: 40-50.

[34] Gökmen V, Mogol B A. Computer vision-based image analysis for rapid detection of acrylamide in heated foods[J]. Quality Assurance and Safety of Crops & Foods, 2010, 2(4): 203-207.

[35] Wang X, Bouzembrak Y, Oude L A, et al. Designing a monitoring program for aflatoxin B1 in feed products using machine learning[J]. NPJ Science of Food, 2022, 6(1): 40.

[36] Leggieri M C, Mazzoni M, Battilani P. Machine learning for predicting mycotoxin occurrence in maize[J]. Frontiers in Microbiology, 2021, 12: 1-10.

[37] Castano-Duque L, Vaughan M, Lindsay J, et al. Gradient boosting and bayesian network machine learning models predict aflatoxin and fumonisin contamination of maize in Illinois: first USA case study[J]. Frontiers in Microbiology, 2022, 13: 1-14.

[38] Atas M, Yardimci Y, Temizel A. A new approach to aflatoxin detection in chili pepper by machine vision[J]. Computers and Electronics in Agriculture, 2012, 87: 129-141.

[39] Hinton G E, Osindero S, Teh Y W. A fast learning algorithm for deep belief nets[J]. Neural Com-

putation, 2006, 18(7): 1527-1554.
[40] Liu W, Wang Z, Liu X, et al. A survey of deep neural network architectures and their applications [J]. Neurocomputing, 2017, 234: 11-26.
[41] Huang Y B. Research status and applications of nature-inspired algorithms for agri-food production [J]. International Journal of Agricultural and Biological Engineering, 2020, 13(4): 1-9.
[42] Ma Q, Teng Y, Li C, et al. Simultaneous quantitative determination of low-concentration ternary pesticide mixtures in wheat flour based on terahertz spectroscopy and BPNN[J]. Food Chemistry, 2022, 377: 132030.
[43] Gong L, Thota M, Yu M, et al. A novel unified deep neural networks methodology for use by date recognition in retail food package image[J]. Signal, Image and Video Processing, 2021, 15(3): 449-457.
[44] Ghariba B M, Shehata M S, Mcguire P. A novel fully convolutional network for visual saliency prediction[J]. PeerJ Computer Science, 2020, 6: e280.
[45] Huang X, Xu H, Wu L, et al. A data fusion detection method for fish freshness based on computer vision and near-infrared spectroscopy[J]. Analytical Methods, 2016, 8(14): 2929-2935.
[46] Teimouri N, Omid M, Mollazade K, et al. Online separation and sorting of chicken portions using a robust vision-based intelligent modelling approach[J]. Biosystems Engineering, 2018, 167: 8-20.
[47] Al-Sarayreh M, Reis M M, Yan W Q, et al. A sequential CNN approach for foreign object detection in hyperspectral images[Z]. Computer Analysis of Images and Patterns, 2019: 271-283.
[48] Huang Z Z, Deng L M. Aflatoxin contaminated degree detection by hyperspectral data using band index[J]. Food and Chemical Toxicology, 2020, 137: 111159.
[49] Akdemir E G, Bulut N, Atmaca B, et al. Prediction of Aspergillus parasiticus inhibition and aflatoxin mitigation in red pepper flakes treated by pulsed electric field treatment using machine learning and neural networks[J]. Food Research International, 2022, 162: 111954.
[50] Wang B, Deng J, Jiang H. Markov transition field combined with convolutional neural network improved the predictive performance of near-infrared spectroscopy models for determination of aflatoxin B1 in maize[J]. Foods, 2022, 11(15): 2210.
[51] Ronholm J, Nasheri N, Petronella N, et al. Navigating microbiological food safety in the era of whole-genome sequencing[J]. Clinical Microbiology Reviews, 2016, 29(4): 837-857.
[52] 卿勇军，李耀东. 物联网技术在食品安全溯源的应用与实现[J]. 物联网技术，2019，9(1)：95-98.
[53] Lin S, Shi Q, Zhou N. Construction of a traceability system for food industry chain safety information based on internet of things technology[J]. Frontiers in Public Health, 2022, 10: 857039.
[54] Wu M N, Zhang X L, Zhang Y H, et al. Mutton traceability method based on internet of things[J]. Journal of Sensors, 2014, 8: 1-8.
[55] Bhat S A, Huang N F, Sofi I B, et al. Agriculture-food supply chain management based on blockchain and IoT: a narrative on enterprise block chain interoperability[J]. Agriculture, 2022, 12(1): 40.
[56] Parihar A, Choudhary N K, Sharma P, et al. MXene-based aptasensor for the detection of aflatoxin in food and agricultural products[J]. Environmental Pollution, 2023, 316: 120695.
[57] 史召强. 基于免疫传感器的黄曲霉毒素快速检测仪的研制[D]. 淄博：山东理工大学，2018.
[58] 刘佳，夏晓蕾，王丽娟，等. 进口冷链食品追溯管理平台及创新应用[J]. 农业大数据学报，2022，4(1)：69-76.

# 第 2 章　口岸食品风险溯源、预警和应急评估模型 SMART 评价指南

## 2.1　指南方案概述

当前口岸贸易具有批次多、种类杂、来源广等特点，现有的模型评价方案存在不完善、适用范围窄、针对性不强等问题，急需一套较为全面、针对性强、高效的模型评价方案。为此，本书探究了适用于口岸食品风险溯源、预警和应急评估模型的 SMART 评价方案。该方案是一套具有高鲁棒性的五维评价体系，具体包括安全性、可测性、精确性、时效性和可移植性，如图 2.1 所示。安全性指标是模型系统评估的重要内容之一。[1] 口岸食品风险溯源、预警和应急系统承载着大量的口岸食品相关数据，如果这些相关数据遭到破坏，必然会影响系统的正常使用，会对口岸通关率、公众安全、经济稳定和国家安全产生一定程度的影响。可测性指标主要用于评价系统的数据可分性、纠错功能、风险因子及等级的设定功能性及合理性。[2] 精确性指标主要评价系统在溯源、预警过程中的准确程度及食品风险研判的准确程度。[3] 时效性指标用于评价系统对溯源反馈的及时程度、对风险预警的及时程度和针对预警作出应急反应的及时程度。[4-5] 可移植性指标用于评价系统功能的普适性和软件的兼容性，它决定了该模型可以应用于其他口岸信息系统模型的能力。[6]

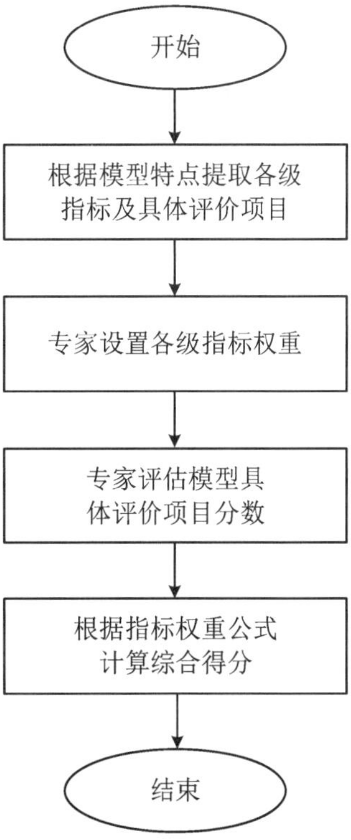


图 2.1　SMART 评价模型

## 2.2　指南实施目标

SMART 评价方案的具体实施目标是能够针对现有口岸食品风险溯源、预警和应急评估模型，给出客观的量化指标，从而使该模型可以得到进一步改进，提高口岸食品溯源、风险预警的准确性及模型的可移植性，同时完善相应的应急方案，力求在最短的时间内得到食品风险的溯源信息，及时显示风险预警，并能够采取合理的应急方案。

本节主要针对口岸食品贸易的特点，从分析口岸食品风险溯源、预警和应急模型的共性及相关特点入手，结合现有的食品风险溯源、食品风险预警等相关技术，从安全性、可测

性、精确性、时效性、可移植性五个指标维度出发，建立模型的评价指标体系。该评价指标体系可以为国内各个口岸的相关系统提供有效的反馈，从而从整体上助力所有相关系统的完善。

## 2.3 SMART评价指标体系构建

在对评价指标赋权时，应该重视各个指标对整个评价对象的影响程度。基于此，我们采用主客观综合赋权法进行赋权。下面将对指标进行分解与分析。

### 2.3.1 安全性指标

根据口岸食品风险溯源、预警、应急模型的运行机制及数据特点，安全性指标的二级指标包括数据可靠性保证[7]指标、溯源完整性保护[8]指标、环境安全性保障[9]指标，具体如图2.2所示。

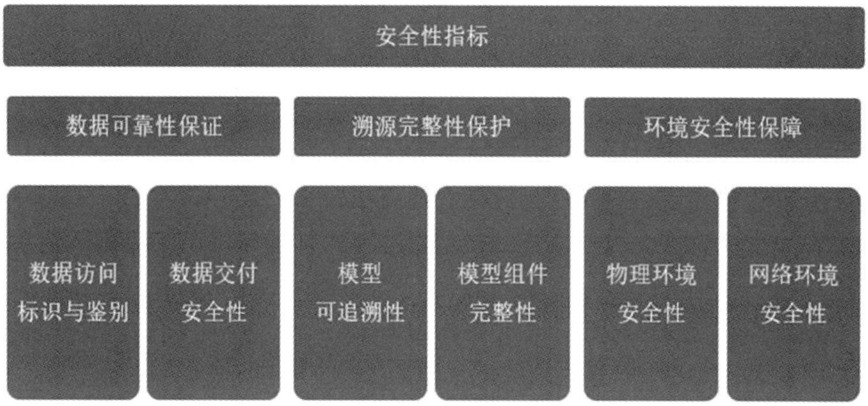


图2.2 安全性指标分解

数据可靠性保证指标包括数据访问标识与鉴别指标和数据交付安全性指标两个三级指标。数据访问标识与鉴别指标用于判断模型是否进行访问用户身份的标识和鉴别，分配各类不同数据的不同访问权限；数据交付安全性指标用于判断模型是否使用数字签名等措施来保障数据在各不同节点记录、存储、传输和交付中的模型和相关组件安全，防止数据被篡改、丢失等。[10]

溯源完整性保护[11]指标包括模型可追溯性指标和模型组件完整性指标两个三级指标。模型可追溯性指标用于判断模型是否建立和维护可追溯性的策略和程序，记录和保留信息模型、组件或溯源流程中的相关信息；模型组件完整性指标用于判断模型是否对信息模型和组件的完整性进行测试和验证(如使用数字签名或进行校验)。

环境安全性保障指标包括物理环境安全性指标和网络环境安全性指标两个三级指标。物理环境安全性指标用于判断模型是否具有物理环境安全策略及备用的工作场所、通信线路，以防止自然灾害或不可抗力的外因导致的供应链中断；网络环境安全性指标用于判断模型是否在专网中采用独立的网络设备组网，是否具有边界保护机制，采取安全措施保证信息传输保密性。

### 2.3.2　可测性指标

可测性指标主要用于评价系统的数据可分性、纠错功能、风险因子及等级的设定功能性及合理性。具体来说，可测性指标的二级指标可以分为溯源数据质量指标、食品质量风险性指标、风险信息预警分级指标，如图 2.3 所示。

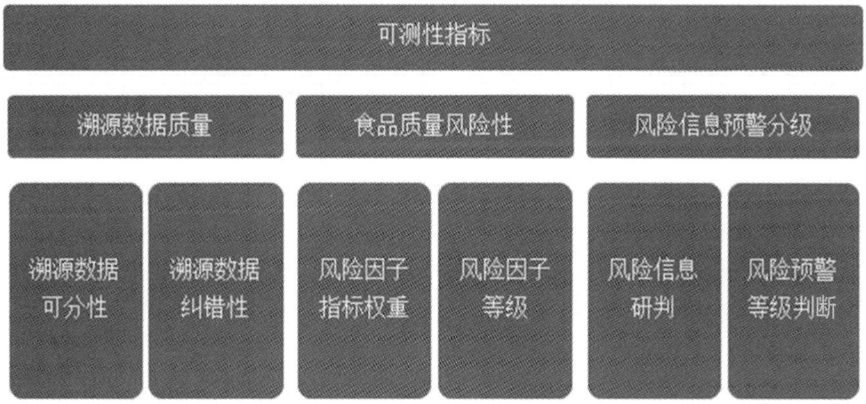


**图 2.3　可测性指标分解**

溯源数据质量指标包括溯源数据可分性指标和溯源数据纠错性指标两个三级指标。溯源数据可分性指标用于衡量模型是否能够定量评估溯源数据的颗粒度，能否按溯源环节、溯源层次对数据进行核心要素的提取；溯源数据纠错性指标用于判断模型能否检测出存在的错误数据，并提示用户如何正确使用模型。

食品质量风险性[12-14]指标包括风险因子指标权重和风险因子等级两个三级指标。风险因子指标权重指标用于判断模型是否能够提供风险因子指标权重系数设定，是否有理论或数据依据；风险因子等级指标用于判断是否提供主要风险因子等级表。

风险信息预警分级指标包括风险信息研判指标和风险预警等级判断指标两个三级指标。风险信息研判指标用于判断模型是否能够结合相关产品质量安全的历史数据等因素计算出风险发生的可能概率；风险预警等级判断指标用于判断模型是否能够进行定量的风险预警等级评估，以减少人为因素的影响和干预。

### 2.3.3　精确性指标

精确性指标主要评价系统在溯源、预警过程中的准确程度及食品风险研判的准确程度。故将该指标分为溯源数据精确性指标、食品风险因子精确性指标、风险信息预警精确性指标，如图 2.4 所示。

溯源数据精确性指标包括溯源数据划分精确性指标和溯源数据纠错精确性指标。溯源数据划分精确性指标用于判断模型是否能够精确地按照溯源的使用需求划分数据的颗粒度；溯源数据纠错精确性指标用于判断模型能否精确地检测出存在的错误数据，并提示用户如何正确使用模型。

食品风险因子精确性指标包括风险因子选择精确性指标和指标权重系数设定精确性指标。风险因子选择精确性指标用于评判模型是否能够精确地选择食品质量安全检测的主要风险因子，是否有理论依据或者数据支撑；指标权重系数设定精确性指标用于判断模型是否能够精确地计算风险因子指标权重系数。

风险信息预警精确性指标包括风险信息研判精确性指标和风险预警等级划分精确性指标。风险信息研判精确性指标用于判断模型是否能够精确地计算风险发生的可能概率；风险预警等级划分精确性指标用于判断模型是否精确地划分风险预警等级。

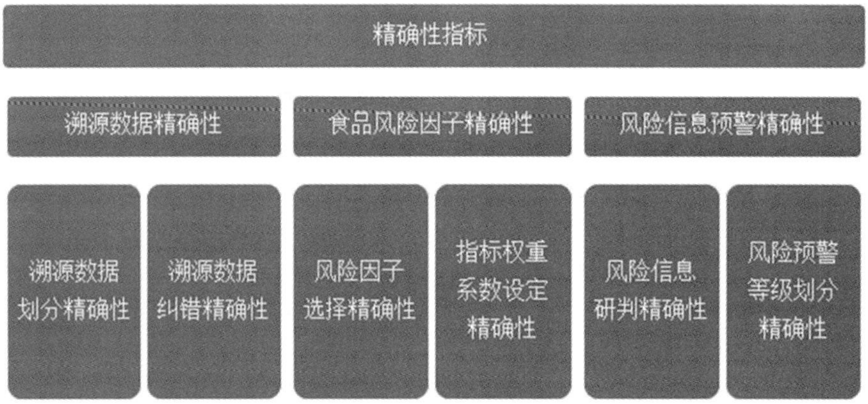


图 2.4 精确性指标分解

## 2.3.4 时效性指标

时效性指标用于评价系统对溯源反馈的及时程度、对风险预警的及时程度和对预警作出应急反应[15-17]的及时程度。因此其二级指标包括溯源时效性指标、预警时效性指标和应急时效性指标，如图 2.5 所示。

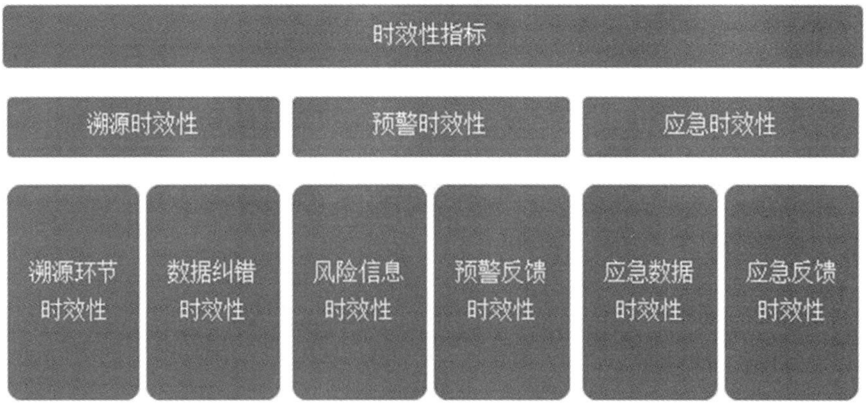


图 2.5 时效性指标分解

溯源时效性指标包括溯源环节时效性指标和数据纠错时效性指标两个三级指标。溯源环节时效性指标用于判断模型能否提供任意时段的溯源信息查询；数据纠错时效性指标用于判断模型能否及时发现信息记录中的不一致性、差错等问题。

预警时效性指标包括风险信息时效性指标和预警反馈时效性指标两个三级指标。风险信息时效性指标用于判断模型能否及时识别异常信息，提供综合研判结果；预警反馈时效性指标用于判断模型预警是否在合理的时间范围内。

应急时效性指标包括应急数据时效性指标和应急反馈时效性指标两个三级指标。应急数据时效性指标用于判断模型是否能及时响应新的应急操作数据；应急反馈时效性指标用于判断模型能否在合理的时间范围内完成应急指令。

## 2.3.5　可移植性指标

可移植性指标用于评价系统功能的普适性和软件的兼容性，它决定了该模型可以应用于其他口岸信息系统模型的能力。故该指标的二级指标包括模型可配置性指标、模型可扩展性指标和模型依存性指标，如图 2.6 所示。

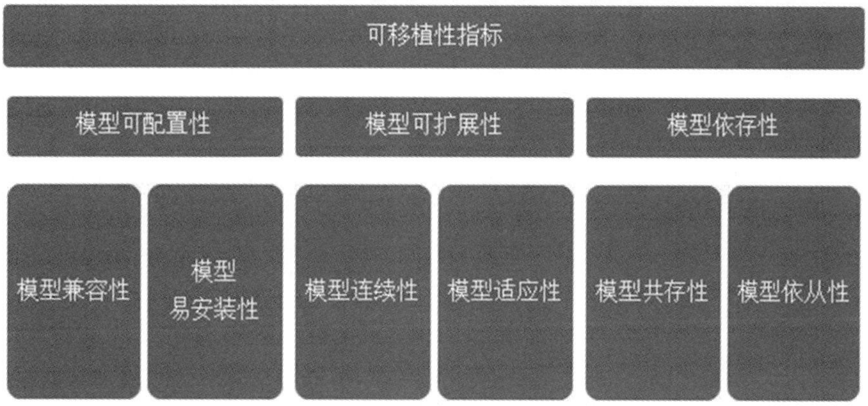


**图 2.6　可移植性指标分解**

模型可配置性指标包括模型兼容性指标和模型易安装性指标。模型兼容性指标用于评判模型软件是否具备无须采用为考虑该软件的目的而准备的活动或手段就可以适应不同的指定环境的能力；模型易安装性指标用于判断模型是否具备软件在指定环境中被安装的能力。

模型可扩展性指标包括模型连续性指标和模型适应性指标。模型连续性指标用于判断模型软件升级后，是否能够继续适用于同样的数据和功能；模型适应性指标用于判断模型软件升级后，能够有效适应不同或演变的硬件、软件或其他运行环境的程度。

模型依存性指标包括模型共存性指标和模型依从性指标。模型共存性指标用于判断模型软件在公共环境中同与其分享公共资源的其他独立软件共存的能力；模型依从性指标用于评价模型软件遵循与可移植性相关的标准或约定的能力。

## 2.3.6　评价指标体系

SMART 评价方案的三级指标体系如图 2.7 所示。

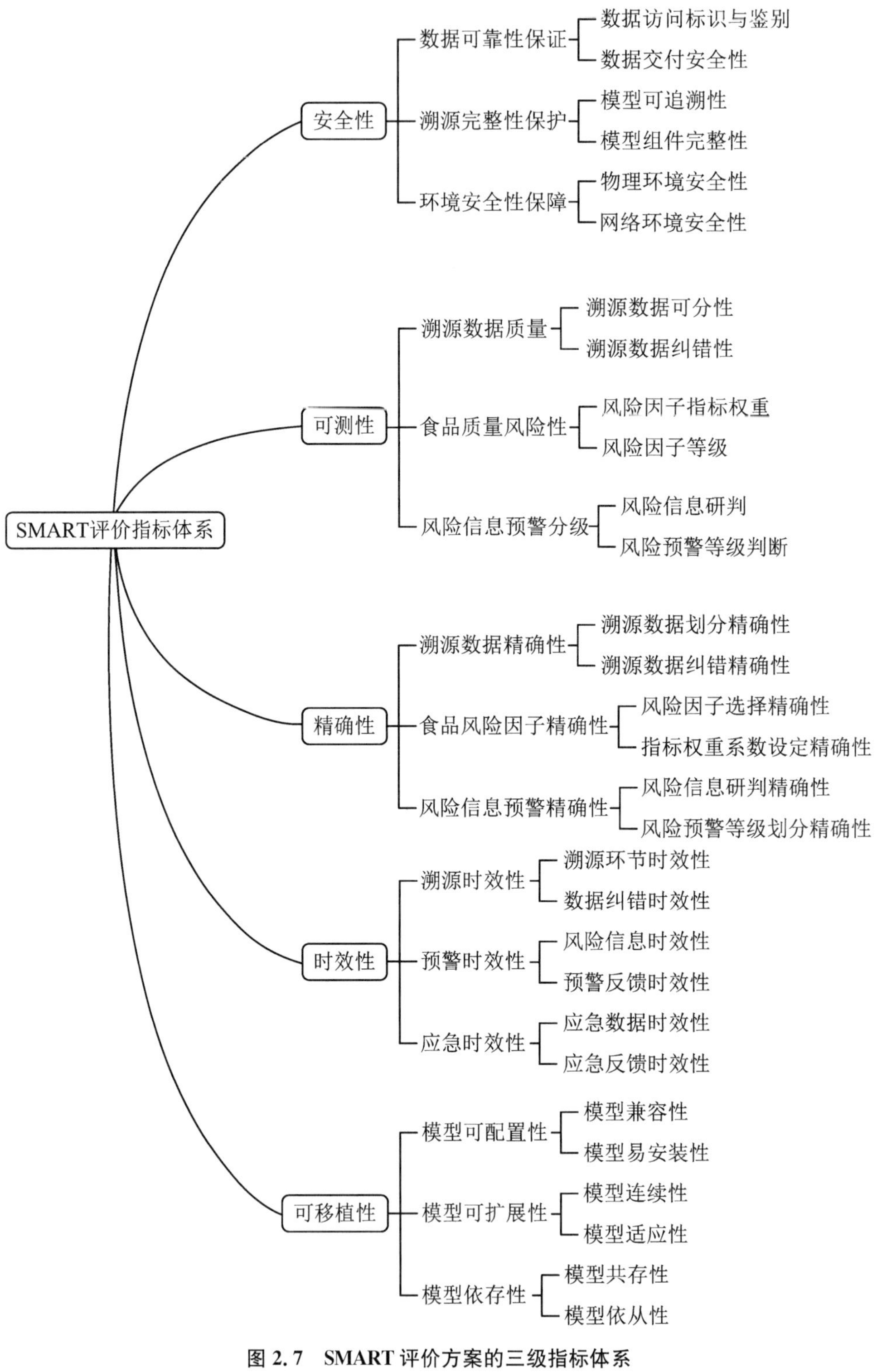


**图 2.7　SMART 评价方案的三级指标体系**

评价标准对科技的发展起着重要的导向作用。提出的评价指标体系可以为国内各个口岸的相关系统提供有效积极的反馈，从而在整体上有助于所有相关系统的完善。该评价指标体系的有效性在很大程度上取决于评价标准的合理性。只有在充分考虑学科特殊性的基础上建立指标体系和评价标准，才能够实现正确评价。因此，口岸模型的评价也要顺应技术的发展变化并满足口岸的实际需要，与时俱进。

# 2.4　SMART 评价指标分值及权重设置

## 2.4.1　概述

评价结果以百分制表示，分值越高表示模型质量越好。指标最后一级（即三级指标）的分值一般可设置如下：80～100 分表示完全（或绝大部分功能）满足三级指标要求；60～79 分表示部分功能满足三级指标要求；0 分表示所有功能都不能满足指标要求。

权重一般由专家设置。安全性指标、可测性指标、精确性指标、时效性指标的权重分别表示为 $A_1$、$A_2$、$A_3$、$A_4$、$A_5$，这些权重满足 $\sum_{i=1}^{5} A_i = 1$ 。由于一个一级指标对应三个二级指标，所以二级指标的权重可表示为 $B_{ij}$（$i=1,2,\cdots,5;j=1,2,3$），并且应满足 $\sum_{j=1}^{3} B_{ij} = 1$ 。同理，由于一个二级指标对应两个三级指标，三级指标的权重可表示为 $C_{ijk}$（$i=1,2,\cdots,5;j=1,2,3;k=1,2$），并且应满足 $\sum_{k=1}^{2} C_{ijk} = 1$ 。

综上，模型评价（百分制）结果可表示为 $E = \sum_{i=1}^{5}\sum_{j=1}^{3}\sum_{k=1}^{2} A_i B_{ij} C_{ijk} S_{ijk}$ ，其中 $A_i$，$B_{ij}$，$C_{ijk}$（$i=1,2,\cdots,5;j=1,2,3;k=1,2$）分别为一级指标、二级指标、三级指标各个具体项目的权重。

## 2.4.2　模型适用性指标权重及分值

指标的分数参考类似的模型设置对应的分值，各级指标的权重主要由专家根据经验设置，整体的评价结果由权重及对应的分数加权平均得到。

采用主客观综合赋权法进行赋权。设最高的评价值为 100，安全性指标、可测试性指标、精确性指标、时效性指标、可移植性指标等一级指标占比分别为 20%、15%、25%、25%、15%。结合各二级指标的权重，可得到相应的评价指标权重及分值，具体见表 2.1。

**表 2.1 口岸食品风险溯源、预警和应急模型评价指标权重及分值**

| 一级指标 | 二级指标 | 三级指标 | 分值 |
|---|---|---|---|
| 安全性<br>$A_1=0.2$ | 数据可靠性保证<br>$B_{11}=0.4$ | 数据访问标识与鉴别<br>$C_{111}=0.6$ | ① 模型能够标识和鉴别所有用户身份，并分配所有类别不同数据的不同访问权限：$S_{111}\in[80,100]$；<br>② 模型能够标识和鉴别部分用户身份，并分配部分类别不同数据的不同访问权限：$S_{111}\in[60,79]$；<br>③ 模型不能标识和鉴别所有用户身份，无法分配不同数据的不同访问权限：$S_{111}=0$ |
| | | 数据交付安全性<br>$C_{112}=0.4$ | ① 模型能够防止所有数据被篡改、丢失等：$S_{112}\in[80,100]$；<br>② 模型能够防止部分数据被篡改、丢失等：$S_{112}\in[60,79]$；<br>③ 模型不能防止所有数据被篡改、丢失等：$S_{112}=0$ |
| | 溯源完整性保护<br>$B_{12}=0.3$ | 模型可追溯性<br>$C_{121}=0.6$ | ① 模型能够完全建立和维护可追溯性的策略和程序，记录和保留所有信息模型、组件或溯源流程中的相关信息：$S_{121}\in[80,100]$；<br>② 模型能够建立和维护部分可追溯性的策略和程序，记录和保留部分信息模型、组件或溯源流程中的相关信息：$S_{121}\in[60,79]$；<br>③ 模型不能建立和维护可追溯性的策略和程序，记录和保留信息模型、组件或溯源流程中的相关信息：$S_{121}=0$ |
| | | 模型组件完整性<br>$C_{122}=0.4$ | ① 模型能够对所有信息模型和组件的完整性进行测试和验证：$S_{122}\in[80,100]$；<br>② 模型能够对部分信息模型和组件的完整性进行测试和验证：$S_{122}\in[60,79]$；<br>③ 模型不能对所有信息模型和组件的完整性进行测试和验证：$S_{122}=0$ |
| | 环境安全性保障<br>$B_{13}=0.3$ | 物理环境安全性<br>$C_{131}=0.6$ | ① 模型具有完整的物理环境安全策略：$S_{131}\in[80,100]$；<br>② 模型具有部分物理环境安全策略：$S_{131}\in[60,79]$；<br>③ 模型不具有物理环境安全策略：$S_{131}=0$ |
| | | 网络环境安全性<br>$C_{132}=0.4$ | ① 模型在专网中采用独立的网络设备组网，具有边界保护机制，采取安全措施保证信息传输保密性：$S_{132}\in[80,100]$；<br>② 模型在专网中采用独立的网络设备组网，具有边界保护机制，仅采取部分安全措施保证信息传输保密性：$S_{132}\in[60,79]$；<br>③ 模型未使用任何网络安全机制：$S_{132}=0$ |

续表

| 一级指标 | 二级指标 | 三级指标 | 分　　值 |
| --- | --- | --- | --- |
| 可测性<br>$A_2=0.15$ | 溯源数据质量<br>$B_{21}=0.3$ | 溯源数据可分性<br>$C_{211}=0.6$ | ① 模型能够完全定量评估溯源数据的颗粒度，按溯源环节、溯源层次对数据进行核心要素的提取：$S_{211}\in[80,100]$；<br>② 模型能够部分定量评估溯源数据的颗粒度，按溯源环节、溯源层次对数据进行核心要素的提取：$S_{211}\in[60,79]$；<br>③ 模型不能部分定量评估溯源数据的颗粒度：$S_{211}=0$ |
| | | 溯源数据纠错性<br>$C_{212}=0.4$ | ① 模型能够检测出所有存在的错误数据，并提示用户如何正确使用模型：$S_{212}\in[80,100]$；<br>② 模型能够检测出部分存在的错误数据，并提示用户如何正确使用模型：$S_{212}\in[60,79]$；<br>③ 模型不能检测出存在的错误数据：$S_{212}=0$ |
| | 食品质量风险性<br>$B_{22}=0.2$ | 风险因子指标权重<br>$C_{221}=0.4$ | ① 模型能够提供所有风险因子指标权重系数设定：$S_{221}\in[80,100]$；<br>② 模型能够提供部分风险因子指标权重系数设定：$S_{221}\in[60,79]$；<br>③ 模型不能提供风险因子指标权重系数设定：$S_{221}=0$ |
| | | 风险因子等级<br>$C_{222}=0.6$ | ① 模型提供完整的主要风险因子等级表：$S_{222}\in[80,100]$；<br>② 模型提供部分的主要风险因子等级表：$S_{222}\in[60,79]$；<br>③ 模型不能提供主要风险因子等级表：$S_{222}=0$ |
| | 风险信息预警分级<br>$B_{23}=0.3$ | 风险信息研判<br>$C_{231}=0.6$ | ① 模型能够结合相关产品质量安全的历史数据等因素准确地计算出风险发生的可能概率：$S_{231}\in[80,100]$；<br>② 模型能够结合相关产品质量安全的历史数据等因素较准确地计算出风险发生的可能概率：$S_{231}\in[60,79]$；<br>③ 模型无法计算出风险发生的可能概率：$S_{231}=0$ |
| | | 风险预警等级判断<br>$C_{232}=0.4$ | ① 模型能够进行定量的风险预警等级评估：$S_{232}\in[80,100]$；<br>② 模型基本能够进行定量的风险预警等级评估：$S_{232}\in[60,79]$；<br>③ 模型无法进行定量的风险预警等级评估：$S_{232}=0$ |

续表

| 一级指标 | 二级指标 | 三级指标 | 分　　值 |
|---|---|---|---|
| 精确性<br>$A_3=0.25$ | 溯源数据<br>精确性<br>$B_{31}=0.4$ | 溯源数据<br>划分精确性<br>$C_{311}=0.4$ | ① 模型能够精确地按照溯源的使用需求划分数据的颗粒度：$S_{311}\in[80,100]$；<br>② 模型基本能够精确地按照溯源的使用需求划分数据的颗粒度：$S_{311}\in[60,79]$；<br>③ 模型无法精确地按照溯源的使用需求划分数据的颗粒度：$S_{311}=0$ |
| | | 溯源数据<br>纠错精确性<br>$C_{312}—0.6$ | ① 模型能够精确地检测出存在的错误数据：$S_{312}\in[80,100]$；<br>② 模型基本能够精确地检测出存在的错误数据：$S_{312}\in[60,79]$；<br>③ 模型无法检测出存在的错误数据：$S_{312}=0$ |
| | 食品风险<br>因子精确性<br>$B_{32}=0.4$ | 风险因子<br>选择精确性<br>$C_{321}=0.4$ | ① 模型能够精确地选择食品质量安全检测的主要风险因子：$S_{321}\in[80,100]$；<br>② 模型基本能够精确地选择食品质量安全检测的主要风险因子：$S_{321}\in[60,79]$；<br>③ 模型无法检测选择食品质量安全检测的主要风险因子：$S_{321}=0$ |
| | | 指标权重系数<br>设定精确性<br>$C_{322}=0.6$ | ① 模型能够精确地计算风险因子指标权重系数：$S_{322}\in[80,100]$；<br>② 模型基本能够精确地计算风险因子指标权重系数：$S_{322}\in[60,79]$；<br>③ 模型无法计算风险因子指标权重系数：$S_{322}=0$ |
| | 风险信息<br>预警精确性<br>$B_{33}=0.4$ | 风险信息<br>研判精确性<br>$C_{331}=0.6$ | ① 模型能够精确地计算风险发生的概率：$S_{331}\in[80,100]$；<br>② 模型基本能够精确地计算风险发生的概率：$S_{331}\in[60,79]$；<br>③ 模型无法计算风险发生的概率：$S_{331}=0$ |
| | | 风险预警等级<br>划分精确性<br>$C_{332}=0.4$ | ① 模型能够精确地计算划分风险预警等级：$S_{332}\in[80,100]$；<br>② 模型基本能够精确地计算划分风险预警等级：$S_{332}\in[60,79]$；<br>③ 模型无法计算划分风险预警等级：$S_{332}=0$ |
| 时效性<br>$A_4=0.25$ | 溯源时效性<br>$B_{41}=0.4$ | 溯源环节<br>时效性<br>$C_{411}=0.6$ | ① 模型能够提供任意时段的溯源信息的查询：$S_{411}\in[80,100]$；<br>② 模型能够提供部分时段的溯源信息的查询：$S_{411}\in[60,79]$；<br>③ 模型无法提供任意时段的溯源信息的查询：$S_{411}=0$ |

续表

| 一级指标 | 二级指标 | 三级指标 | 分　　值 |
|---|---|---|---|
| 时效性<br>$A_4=0.25$ | 溯源时效性<br>$B_{41}=0.4$ | 数据纠错<br>时效性<br>$C_{412}=0.4$ | ① 模型能够及时发现信息记录中的不一致性、差错等问题：$S_{412}\in[80,100]$；<br>② 模型基本能够及时发现信息记录中的不一致性、差错等问题：$S_{412}\in[60,79]$；<br>③ 模型无法发现信息记录中的不一致性、差错等问题：$S_{412}=0$ |
| | 预警时效性<br>$B_{42}=0.3$ | 风险信息<br>时效性<br>$C_{421}=0.4$ | ① 模型能够及时识别异常信息，提供综合研判结果：$S_{421}\in[80,100]$；<br>② 模型基本能够及时识别异常信息，提供综合研判结果：$S_{421}\in[60,79]$；<br>③ 模型无法识别异常信息，提供综合研判结果：$S_{421}=0$ |
| | | 预警反馈<br>时效性<br>$C_{422}=0.6$ | ① 模型预警在合理的时间范围内：$S_{422}\in[80,100]$；<br>② 模型预警基本在合理的时间范围内：$S_{422}\in[60,79]$；<br>③ 模型预警不在合理的时间范围内：$S_{422}=0$ |
| | 应急的<br>时效性<br>$B_{43}=0.3$ | 应急数据<br>时效性<br>$C_{431}=0.4$ | ① 模型能够及时响应新的应急操作数据：$S_{431}\in[80,100]$；<br>② 模型基本能够及时响应新的应急操作数据：$S_{431}\in[60,79]$；<br>③ 模型不能及时响应新的应急操作数据：$S_{431}=0$ |
| | | 应急反馈<br>时效性<br>$C_{432}=0.6$ | ① 模型能够在合理的时间范围内完成应急指令：$S_{432}\in[80,100]$；<br>② 模型基本能够在合理的时间范围内完成应急指令：$S_{432}\in[60,79]$；<br>③ 模型不能在合理的时间范围内完成应急指令：$S_{432}=0$ |
| 可移植性<br>$A_5=0.15$ | 模型<br>可配置性<br>$B_{51}=0.4$ | 模型兼容性<br>$C_{511}=0.4$ | ① 模型软件无须采用为考虑该软件的目的而准备的活动或手段就可以适应不同的指定环境：$S_{511}\in[80,100]$；<br>② 模型软件需采用少数为考虑该软件的目的而准备的活动或手段就可以适应不同的指定环境：$S_{511}\in[60,79]$；<br>③ 模型软件无法适应不同的指定环境：$S_{511}=0$ |
| | | 模型易安装性<br>$C_{512}=0.6$ | ① 模型软件能够在绝大部分指定环境中被安装：$S_{512}\in[80,100]$；<br>② 模型软件能够在少部分指定环境中被安装：$S_{512}\in[60,79]$；<br>③ 模型软件不能在少部分指定环境中被安装：$S_{512}=0$ |

续表

| 一级指标 | 二级指标 | 三级指标 | 分　值 |
|---|---|---|---|
| 可移植性<br>$A_5=0.15$ | 模型可扩展性<br>$B_{52}=0.3$ | 模型连续性<br>$C_{521}=0.6$ | ① 模型软件升级后,能够继续适用于同样的数据和功能:$S_{521}\in[80,100]$;<br>② 模型软件升级后,基本能够继续适用于同样的数据和功能:$S_{521}\in[60,79]$;<br>③ 模型软件升级后,不能继续适用于同样的数据和功能:$S_{521}=0$ |
| | | 模型适应性<br>$C_{522}=0.4$ | ① 模型软件升级后,能够有效适应不同或演变的硬件、软件或其他运行环境:$S_{522}\in[80,100]$;<br>② 模型软件升级后,基本能够有效适应不同或演变的硬件、软件或其他运行环境:$S_{522}\in[60,79]$;<br>③ 模型软件升级后,不能适应不同或演变的硬件、软件或其他运行环境:$S_{522}=0$ |
| | 模型依存性<br>$B_{53}=0.4$ | 模型共存性<br>$C_{531}=0.4$ | ① 模型软件能够在公共环境中同与其分享公共资源的其他独立软件共存:$S_{531}\in[80,100]$;<br>② 模型软件基本能够在公共环境中同与其分享公共资源的其他独立软件共存:$S_{531}\in[60,79]$;<br>③ 模型软件不能在公共环境中同与其分享公共资源的其他独立软件共存:$S_{531}=0$ |
| | | 模型依从性<br>$C_{532}=0.6$ | ① 模型软件能够遵循与可移植性相关的标准或约定:$S_{532}\in[80,100]$;<br>② 模型软件基本能够遵循与可移植性相关的标准或约定:$S_{532}\in[60,79]$;<br>③ 模型软件不能遵循与可移植性相关的标准或约定:$S_{532}=0$ |

## 2.5 SMART 模型适用性评价过程

首先根据指标评价体系及定义,对模型的一级、二级、三级指标进行提取;然后依照指标权重及分值进行计算,给出综合评分,具体流程如图 2.8 所示。

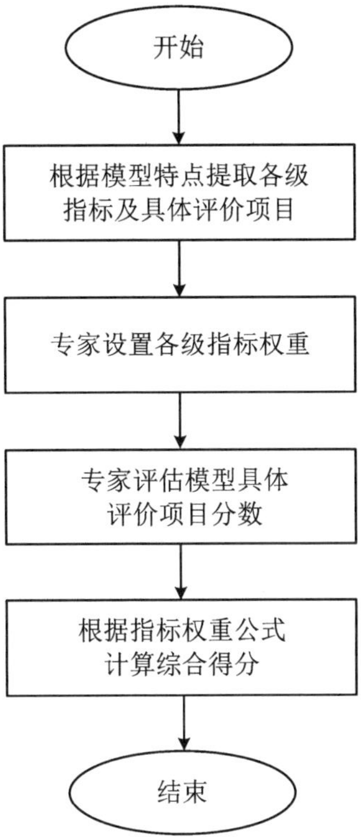


**图 2.8　模型适用性评价流程图**

## 2.6　口岸食品风险溯源信息管理规范

### 2.6.1　概述

此规范规定了口岸食品风险溯源信息管理的信息描述、相关方要求和管理要求，适用于海关开展口岸食品相关信息化项目中风险溯源信息的管理。

通过对下列文件中的内容进行规范性引用而构成此规范必不可少的条款：《预包装类电子商务交易产品质量信息发布通则》(GB/T 32703)、《电子商务交易产品可追溯性通用规范》(GB/T 36061—2018)。其中，注明日期的引用文件，仅该日期对应的版本适用于此规范；不注明日期的引用文件，其最新版本(包括所有的修改单)适用于此规范。

### 2.6.2　术语和定义

**1. 溯源信息(traceable information)**

溯源信息包括口岸食品的运输方式、有害物质快检、过程控制、口岸监管、消费反馈和参与方等相关信息。

**2. 基本原则**

(1) 真实性

风险溯源信息应由真实对象或者环境所产生,并能反映食品的真实状况,应做到所有需要记录的时间、地理位置、状态等信息真实可靠,确保其可追溯性。

(2) 可靠性

风险溯源信息参与方应建立一套信任体系,能够实现食品追溯管理过程中价值信息的可靠性交换。

(3) 时效性

风险溯源信息应及时上报、及时更新,确保有效。

**3. 信息描述**

基本信息:在食品生产加工阶段产生的信息,主要包括原材料信息、生产信息、食品特征信息、食品编码信息、危害信息。具体如下:

(1) 原材料信息

食品主要的原材料成分信息。

(2) 生产信息

与产品生产加工相关的信息。

(3) 食品特征信息

食品自身属性和质量证明相关的信息。

(4) 食品编码信息

全球供应链中食品唯一编码标识的信息。

(5) 危害信息

检测过程中发现的可能的危害物质信息。

物流信息:食品从供应地经过运输、存储、装卸、搬运、包装、流通加工、配送等各种物流活动所产生的信息,主要包括运输信息、仓储信息、配送信息。

通关信息:在口岸办理通关业务时所产生的信息,包括通关状态信息、完税信息和放行信息等。

消费反馈信息:消费者在使用食品后反馈的相关信息。

### 2.6.3 风险溯源要求

风险溯源信息相关方主要包含风险溯源需求方、风险溯源信息提供方、风险溯源服务提供方。具体如下:

**1. 风险溯源需求方**

指提出风险溯源需求的组织或个人。

**2. 风险溯源信息提供方**

指参与风险溯源活动,并根据溯源需求提供相应溯源信息的组织或个人,可以是溯源活动的各节点参与方。

**3. 风险溯源服务提供方**

指通过溯源信息平台对产品溯源信息进行采集、处理,并提供溯源信息服务的组织或个人,可以是溯源活动的各节点参与方,也可以是第三方机构。

### 2.6.4　信息提供方要求

口岸食品溯源信息提供方应符合 GB/T 36061—2018 要求。

### 2.6.5　服务提供方要求

口岸食品溯源服务提供方的要求如下：

① 应建立对口岸食品溯源信息进行收集、审核、更新、处置等溯源信息管理制度。

② 应建立开展产品溯源服务的检验/验证管理制度。

③ 应具备向溯源需求方提供食品溯源信息和实地验证服务的技术能力。

④ 应建立能够收集溯源结果反馈意见的渠道。

⑤ 应具备信息采集、交换与共享、溯源方式选择、信息查询和挖掘分析、溯源结果反馈的能力。

### 2.6.6　信息管理要求

**1. 信息编码与标识要求**

进口产品溯源信息的编码与标识应符合 GB/T 36061—2018 中的要求；出口产品溯源信息的编码与标识应符合产品出口目的国或地区的法律法规要求。

**2. 信息采集与处理要求**

采集方法为信息化手段自动采集。信息处理内容包括：

① 剔除冗余和噪声信息。

② 提取要素包括核心信息和附加信息。

③ 利用信息挖掘对已发生的风险，从时间、来源、区域等多维度进行分析。

④ 信息存储可实现两级存储模式，第一级为初次采集到的信息，第二级为经过风险信息预处理、要素提取之后开展的各类存储活动。

**3. 信息展示要求**

溯源信息平台对外展示溯源信息，信息展示按照 GB/T 32703 的相关规定；溯源信息平台对溯源信息的展示设置查询期限和权限，被查询时可显示本批次产品数量和已经被查询的次数。

**4. 信息共享及使用要求**

进口产品溯源信息的共享应符合 GB/T 36061—2018 中的要求；出口产品溯源信息的共享应符合产品出口目的国或地区的法律法规要求；所有产品溯源信息的使用均需遵循海关业务数据使用相关管理规定。

**5. 信息保存要求**

溯源信息的保存应符合 GB/T 36061—2018 中的要求；溯源信息应满足政府监管部门的调阅取证等监管要求，溯源信息应进行定期备份。

溯源信息存储宜采用光盘、磁盘、电子设备、云存储等方式。存放信息的各类介质应采取相应的保护措施，防止被盗、被毁和受损；需删除和销毁的数据，应具备有效的管理和审批手续，防止信息丢失或被非法拷贝；应采取相应的技术手段确保数据安全，防止数据被非法泄露和篡改。

## 2.7 口岸食品风险信息预警指南

### 2.7.1 概述

此指南规定了口岸食品风险信息预警的基本原则、级别划分和预警过程，适用于海关开展口岸食品相关信息化项目中风险信息预警方面的规划、设计、部署和实施。

### 2.7.2 术语和定义

**1. 风险(risk)**

口岸食品对人身安全、动植物生命和健康、环境保护、卫生以及对口岸有关各方合法权益造成危害的可能和程度。

**2. 风险评估(risk assessment)**

包括风险分析和风险评价的全过程。

**3. 风险预警(risk early-warning)**

为使国家、社会公众和使用者免受口岸食品可能存在的安全风险或者潜在危害而采取的一种预测并发出警报的措施。

**4. 预警级别(level of early-warning)**

依据突发事件发生的紧急程度、发展态势和可能造成的危害程度而划分的警情级别。

### 2.7.3 基本原则

**1. 科学性**

进行口岸食品安全风险预警时要采用科学合理、可靠的智能算法，使风险预警过程高效、准确、全面。

**2. 联动性**

某个口岸食品安全风险预警发布后，应根据预警事件发展，及时更新预警级别或解除预警，智能动态地调整预警发布信息；其他口岸的食品安全风险预警状态也应作相关的智能联动调整。

**3. 准确性**

在口岸食品安全风险预警级别判定时，应确定口岸食品的安全风险级别，在评审过程中应以这些风险级别为基础，以准确地确定口岸食品安全风险的预警级别。

## 2.7.4　级别划分

口岸食品风险预警级别划分主要依据口岸食品安全风险级别，表 2.2 对风险级别、风险级别触发条件及预警级别作出了规定。

**表 2.2　对风险级别、风险级别触发条件及预警级别作出的规定**

| 风险级别 | 风险级别触发条件(符合下列情形之一) | 预警级别 |
|---|---|---|
| 高风险 | ① 口岸食品来自疫区；<br>② 在口岸食品中检出了病虫害、病原微生物；<br>③ 含有禁用物质；<br>④ 安全卫生限量物质(重金属残留、毒素等)严重超标 | 红色预警 |
| 中风险 | ① 口岸食品来自发生污染事故的地区；<br>② 安全卫生限量物质少量超标；<br>③ 标签不符合规定(标签瑕疵除外)；<br>④ 超过保质期 | 橙色预警 |
| 低风险 | 除了严重风险、中等风险两类以外的一般危害 | 黄色预警 |

注:将口岸食品风险分为红、橙、黄三个预警级别，分别对应食品高风险、中风险、低风险三个级别。

## 2.7.5　预警流程

口岸食品安全风险预警包括风险信息收集、风险预警级别研判、风险预警发布、风险预警应对四个阶段，具体流程如图 2.9 所示。

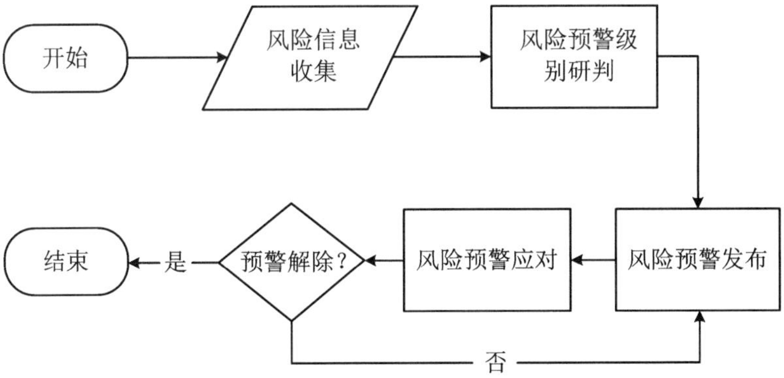


**图 2.9　预警流程**

**1. 风险信息收集**

通过多种渠道收集风险信息，应包括但不限于：

① 各口岸检验检疫信息。

② 政府主管部门通报信息。

③ 产品检验机构的检验信息。

④ 生产经营企业的风险报告信息。

⑤ 消费者投诉信息。

⑥ 媒体舆情信息。

**2. 风险预警级别研判**

对口岸食品安全风险信息进行核实、分析与整理，根据表 2.2 给出的预警级别判定方法进行研判，得到安全风险预警级别，作为预警发布、预警应对的依据。

**3. 风险预警发布**

根据风险信息研判结果，形成预警通报，向其他口岸进行预警发布，提醒或通知其他口岸及时采取措施，降低风险。

口岸食品安全风险预警发布内容，应包括但不限于：

① 口岸食品安全风险预警级别。

② 用于智能调整其他口岸食品安全预警的内容。

③ 风险的范围、危害程度等内容。

④ 安全风险防范对策。

**4. 风险预警应对**

发布预警后，应持续关注安全事件的动态，对风险进行智能动态评价，并及时更新风险预警级别或解除预警。

(1) 升级或降级

根据食品安全事件的动态变化，联动发布各自预警，并综合各自预警的情况进行预警的升级或降级。

(2) 解除

当各口岸的食品安全风险预警级别都达不到黄色预警级别时，及时解除预警。

## 章末小结

本章立足于全国食品口岸，从标准化角度出发，分别建立了口岸食品风险溯源、预警和应急评估模型 SMART 评价指南、口岸食品风险溯源信息管理规范和口岸食品风险信息预警指南。本章提出的评价指标体系在充分考虑学科特殊性的基础上，兼顾技术发展变化及口岸实际需要，可为国内各个口岸的相关系统提供有效积极的反馈，从整体上助力所有相关系统的完善。

## 参考文献

[1] 魏长水，姚洪磊. 铁路信息系统网络安全风险评估指标体系研究[J]. 铁路计算机应用，2020，29(8)：33-37.

[2] Binder R. Testing object-oriented systems：models，patterns，and tools[M]. New Jersey：Addison-Wesley Professional，2000.

[3] Jorgensen M. Experience with the accuracy of software maintenance task effort prediction models[J]. IEEE Transactions on Software Engineering，1995，21(8)：674-681.

[4] Olsson H，Sandberg A，Bosch J，et al. Scale and responsiveness in large-scale software development [J]. IEEE Software，2013，31(5)：87-93.

[5] 王海霞，易树平，杨文彩，等. 系统响应时间对人-信息系统交互效率的影响[J]. 人类工效学，2007(3)：4-6.

[6] 游锦明，方守恩，张兰芳，等. 高速公路实时事故风险研判模型及可移植性[J]. 同济大学学报(自然科学版)，2019，47(3)：347-352.

[7] 龚正霞，李有才，方勇昌. 数据链信息系统准确性效能评估模型分析[J]. 舰船电子工程，2012(1)：51-52.

[8] Liu C，Li J Y，Steele W，et al. A study on Chinese consumer preferences for food traceability information using best-worst scaling[J]. PLoS ONE，2018，13(11)：e0206793.

[9] 司群，田文，陈彤. 建立铁路三位一体网络安全测评指标库研究[J]. 铁路计算机应用，2020，29(8)：1005-8451.

[10] 张彦，马延妮，司群. 基于等级保护思想的网络安全风险评估关键技术研究[J]. 铁路计算机应用，2020，29(8)：28-32.

[11] 王永茂. 某市肉类食品流通溯源系统软件设计与实现[D]. 成都：电子科技大学，2020.

[12] 钱娟，赵林度. 风险分析在食品安全管理中的应用研究[J]. 物流技术，2009，28(3)：20-22.

[13] 王霞. 食品安全风险评估模型[J]. 福建电脑，2013，29(9)：119-120.

[14] 孙图南，王丹，郭小鹏，等. 一种出口花生安全风险评估模型的构建[J]. 检验检疫学刊，2017，4(27)：37-40.

[15] 高静. 食品安全应急管理中预警体系的构建[J]. 中国质量与标准导报，2019，265(11)：38-41.

[16] 国家食品药品监督管理总局. 食品安全应急管理[M]. 北京：中国医药科技出版社，2006.

[17] 何涛，王超，陈艳，等. 灾害疫情应急状态下食品安全监管浅议[J]. 食品安全质量检测学报，2020，11(10)：3335-3338.

# 第 3 章 粤港澳大湾区贸易便利化 SMART 评价应用研究

在已建立的 SMART 评价方案指南的基础上，结合粤港澳大湾区贸易便利化水平的现状及地区特点，利用多维价值理论对该区模型进行业务抽象，形成通关环境数据初始聚类中心，以深圳前海综合保税区为试点，最终形成粤港澳大湾区专用 SMART 评价方案并应用实施。

## 3.1 粤港澳大湾区贸易的特点及现状

### 3.1.1 粤港澳大湾区贸易便利化研究意义及背景

#### 3.1.1.1 研究意义

粤港澳大湾区 (Guangdong-Hong Kong-Macao Greater Bay Area，GBA)指的是由广州、深圳、珠海等 9 市和香港、澳门特别行政区形成的"9＋2"城市群，是继美国纽约、美国旧金山、日本东京湾区之后的世界第四大湾区。2019 年 2 月 18 日，中共中央、国务院正式印发了《粤港澳大湾区发展规划纲要》。推进粤港澳大湾区建设，是以习近平同志为核心的党中央作出的重大决策，是习近平总书记亲自谋划、亲自部署、亲自推动的国家战略，是新时代推动形成全面开放新格局的新举措，也是推动"一国两制" 事业发展的新实践。如何以海关"三智"倡议的精神为导向，将粤港澳大湾区建成国际一流湾区和世界级城市群，营造与之相适应的跨境贸易便利化通关环境，实现湾区内部全要素的自由流动是一个具有前瞻性、科学性、挑战性的难题。

#### 3.1.1.2 研究背景

当前，世界银行营商环境指标体系被广泛采用，它以 10 个一级指标涵盖了企业全生命周期的情况，每个一级指标分别对应二级指标进行量化。其中跨境贸易中涵盖了 8 个二级指标对相应国家或地区进行评价，Batista[1]运用实际调查分析法分析了影响贸易便利化的因素，包括口岸管理水平、贸易诚信度、法律法规完善度、海关清廉度、电子支付使用度等。Park 和 Choi[2]认为推进贸易便利化的措施包括协调与简化海关程序、加强相关基础设施建设以及提升货物运输能力等，无论是对发达国家还是发展中国家的经济增长和贸易发展都至关重要。Misak 和 Thomas[3]分析了全球物流和贸易便利化的改善对国际贸易运输方式选择的影响，特别是物流基础设施的质量影响贸易模式的选择。Ruiz 等[4]基于世界银行集团公布的关于经商监管的综合指标提出了具有允许补偿合成的营商便利指标的构建；Rogger 和 Archer[5]使用修订版的世界银行营商环境指数衡量和分析各国 2010—2019 年的营商便利度变化趋势。

在国内，郭永泉[6]基于法律体系和职能管理机制对口岸部门合作进行了分析，鉴于海关对于贸易便利化的关键作用，从海关功能、海关作为、海关定位、海关价值四个角度，结合我国贸易现状，提出应从信息互换、监管互认、执法互助、职能衔接、灵活管理五个方面进行改革。宋林霖和何成祥[7]指出中国应深化国际单一窗口建设，对标国际先进，优化通关流程，加速通关便利化，完善相关配套设施，不断减轻企业负担，不断加强部门合作，提升跨境贸易便利化水平。刘登攀[8]以世界银行跨境贸易便利化框架下北京的具体实践为研究对象，构建了口岸通关协同绩效评价模型，对 2014—2016 年我国三大经济圈主要口岸的通关协同绩效区域差异进行了实证分析，在此基础上，提出了口岸改革目标、口岸治理结构、口岸规划布局三个促进我国口岸通关协同发展的对策建议。王敏等[9]构建了贸易便利化综合评价指标体系，测算 2011—2017 年“21 世纪海上丝绸之路”沿线 32 个主要国家的贸易便利化水平。李翠和张光涛[10]通过改进灰色关联度模型从宏观视角研究了流通产业发展和内部结构优化的关系，通过比例优化促进产业结构优化。

#### 3.1.1.3 小结

目前，世界银行对跨境贸易的测评维度包括进口、出口、时间、成本等八个指标，但随着国际形势的快速变化，粤港澳大湾区贸易便利化的评价需要增添更多价值维度，需从通关便利化、海关贸易便利化的角度出发，综合考虑地区特色和当地情况，建立适合粤港澳大湾区区域特点的评价方案。

### 3.1.2 粤港澳大湾区的地区优势与难题

#### 3.1.2.1 粤港澳大湾区的四大优势

粤港澳大湾区作为联结内地和港澳的重要平台，有效改善了三地要素流通环境并促进了改革开放的进程，为中国的经济发展注入新的动力，其具有四大优势：一是区位优势，粤港澳大湾区是与海上丝绸之路沿海国家、沿线国家海上往来距离最近的发达区域，其拥有世界上最大的海港群和空港群，2016 年其机场吞吐量已超过纽约湾区。二是交通优势，九纵三横的高速公路网、珠三角城际轨道正在建设完善中，虎门大桥、港珠澳大桥、深中通道等都已建成通车。三是经济总量优势，粤港澳大湾区面积达 5.6 万平方千米，人口达 8600 多万，GDP 超 14 万亿元，成为了我国经济活力较强的区域之一。四是产业优势，粤港澳大湾区已形成各具特色的产业集群，实现了第一产业生产、第二产业加工、第三产业流通的三产融合发展模式。粤港澳大湾区目前已初步具有区域经济的引擎作用、集聚优质要素的虹吸效应、带动周边区域的扩散效应，起到创新驱动的引领作用。

#### 3.1.2.2 粤港澳大湾区的四大难题

难题一是粤港澳大湾区内部存在香港、澳门、广东相互独立的“两个制度、三部法律、三个关税区”，现阶段未能实现要素自由流动。难题二是粤港澳大湾区城市群在交通规划一体化、新兴产业错位发展、土地和资源集约利用等方面协调难。难题三是整体创新合作程度不深，创新资源未能完全实现共建共享。难题四是粤港澳大湾区对外通道、湾区东西岸之间的交通连接依然薄弱，且跨境通关设施衔接不通畅。

## 3.2 粤港澳大湾区贸易便利化 SMART 评价方案

从适应全球风险源复杂多变，贸易碎片化加剧，新模式、新业态发展迅猛，传统和非传统安全威胁相互交叉的情况出发，在参照经济合作与发展组织的贸易便利化指数、世界经济论坛的竞争力指标体系与贸易促进指标体系、世界银行的经商便利度指数的基础上，结合粤港澳大湾区的地区特点及现状，在 SMART 评价指南的基础上对各级指标进行特色修订，最终形成粤港澳大湾区贸易便利化 SMART 评价方案。

### 3.2.1 粤港澳大湾区 SMART 评价指标内容

#### 3.2.1.1 安全性评价指标

该指标用于衡量粤港澳大湾区对贸易便利化安全性评价的影响力水平。该指标还包括反走私工作成效、国门生物安全风险防范、知识产权海关保护、贸易安全标准前三难度的安全指标以及非传统安全（网络安全、数据安全、信息安全）等方面的 9 个三级指标，涵盖 3 个二级指标。得分越高，代表贸易安全性越高。

#### 3.2.1.2 可测性评价指标

该指标用于衡量粤港澳大湾区的综合服务效能覆盖水平。该指标包括发展潜力、制度透明度、贸易枢纽作用等 3 个二级指标，下设 9 个三级指标。该指标得分越高，代表综合服务水平越高，对企业的便利程度越高。

#### 3.2.1.3 精确性评价指标

该指标用于衡量粤港澳大湾区内营商环境基本面的综合质量水平。该指标包括国际化程度、通关成本、硬件设施与功能等 3 个二级指标，下设 13 个三级指标。该指标得分越高，代表综合营商环境水平越高，越能促进粤港澳大湾区贸易便利化水平的提高。

#### 3.2.1.4 时效性评价指标

该指标用于衡量粤港澳大湾区对海关的监管效能。该指标包括通关效率、贸易新业态、企业满意度等 3 个二级指标，下设 12 个三级指标。该指标得分越高，代表海关管控效能越好，海关“三智”治理程度越高。

#### 3.2.1.5　可移植性评价指标

该指标用于衡量评价机制的应用前景和推广度水平。该指标包括信息化水平、清关手续、口岸监管部门“三互”程度以及制度创新可复制等 4 个二级指标，下设 10 个三级指标。该指标得分越高，代表应用前景越好，评价机制可复制度越高。

### 3.2.2　粤港澳大湾区 SMART 评价机制构建

在 SMART 评价指南的基础上，采用层次分析法(analytic hierarchy process，AHP)，将定性与定量相结合，建立粤港澳大湾区 SMART 评价机制。

#### 3.2.2.1　获取判断矩阵

根据贸易便利化领域研究人员的内部评估意见，对所给出的指标体系通过两两比较并根据表 3.1 反复研讨，得出判断矩阵。

**表 3.1　标度表**

| 指标 $i$ 比指标 $j$ | 赋值 |
|---|---|
| 同等重要 | 1 |
| 稍微重要 | 3 |
| 较强重要 | 5 |
| 强烈重要 | 7 |
| 极端重要 | 9 |
| 稍微不重要 | 1/3 |
| 较强不重要 | 1/5 |
| 强烈不重要 | 1/7 |
| 极端不重要 | 1/9 |
| 两相邻判断的中间值 | 2、4、6、8、1/2、1/4、1/6、1/8 |

#### 3.2.2.2　一致性指标标准值

对每一个成对比较矩阵计算最大特征根及对应特征向量，利用一致性指标、随机一致性指标和一致性比率做一致性检验。若检验通过，特征向量(归一化后)即为权向量：若不通过，则需重新构造成对比较矩阵。

一致性指标为 0 时，有完全一致性；一致性指标越大，不一致越严重。

随机一致性指标和判断矩阵的阶数有关，一般情况下，矩阵阶数越大，出现一致性随机偏离的可能性越大，其对应关系见表 3.2。

**表 3.2　平均随机一致性指标标准值**

| 矩阵阶数 | 1 | 2 | 3 | 4 | 5 | 6 | 7 | 8 | 9 | 10 |
|---|---|---|---|---|---|---|---|---|---|---|
| RI | 0.0 | 0.0 | 0.5 | 0.9 | 1.1 | 1.2 | 1.3 | 1.4 | 1.4 | 1.49 |

注：表中 RI (random index)表示随机一致性指标。

一般，当一致性比率小于 0.1 时，认为判断矩阵的不一致程度在容许范围以，满足一致性检验，否则，重新构造判断矩阵。

#### 3.2.2.3 求各指标的近似权重

计算判断矩阵的最大特征值和特征向量，并且对特征向量进行归一化处理，得到各指标的权重。

### 3.2.3 粤港澳大湾区 SMART 评价方案

采用 AHP 对 2016—2019 年的调研结果进行分析，并对结果进行一致性检验，确立评估体系的一级指标权重，再结合前海综合保税区实际，生成贸易便利化水平评价的二级、三级指标权重。

综上，可形成粤港澳大湾区贸易便利化 SMART 评价方案，见表 3.3。

**表 3.3 粤港澳大湾区贸易便利化 SMART 评价方案**

| 一级指标权重 | 二级指标权重 | 三级指标权重 | 指标内涵 | 相应总权重 |
|---|---|---|---|---|
| 1. 安全性评价(safety，S)(0.101) | 1.1 防范重大安全风险(0.235) | 1.1.1 打击走私(0.35) | 跨境打私成效 | 0.0083 |
| | | 1.1.2 国门生物安全风险防范(0.25) | 国门生物安全检测情况 | 0.0059 |
| | | 1.1.3 知识产权边境保护(0.4) | 三地海关知识产权保护情况 | 0.0095 |
| | 1.2 贸易安全标准(0.435) | 1.2.1 场所安全(0.3) | AEO 高级认证企业标准指标难度系数 | 0.0132 |
| | | 1.2.2 集装箱安全(0.3) | AEO 高级认证企业标准指标难度系数 | 0.0132 |
| | | 1.2.3 货物、物品安全(0.4) | AEO 高级认证企业标准指标难度系数 | 0.0176 |
| | 1.3 非传统安全因素(0.330) | 1.3.1 网络安全(0.5) | 地区互联网端的网络安全情况 | 0.0167 |
| | | 1.3.2 数据安全(0.25) | 地区互联网端的数据安全情况 | 0.0083 |
| | | 1.3.3 信息安全(0.25) | 地区互联网端的信息安全情况 | 0.0083 |

续表

| 一级指标权重 | 二级指标权重 | 三级指标权重 | 指　标　内　涵 | 相应总权重 |
|---|---|---|---|---|
| 2. 可测性评价(measurement, M)(0.128) | 2.1　发展潜力(0.302) | 2.1.1　进出口总值(0.2) | 评价区域一年的进出口货物贸易总额 | 0.0077 |
| | | 2.1.2　进出口贸易额增速(0.2) | 评价区域进出口货物贸易总额同比增速 | 0.0077 |
| | | 2.1.3　占地方进出口外贸总值比重(0.25) | 评价指定区域进出口贸易值占所在地市进出口外贸总值的比重 | 0.0097 |
| | | 2.1.4　单位面积进出口总值(0.2) | 指定区域每年每平方千米产生的进出口贸易额,等于年度进出口贸易额/特殊监管区域获批规划面积 | 0.0077 |
| | | 2.1.5　保税功能多样性(0.15) | 评价区域在保税物流、保税加工、保税研发、保税维修、保税服务等五个方面的功能多样性 | 0.0058 |
| | 2.2　制度透明度(0.387) | 2.2.1　海关管理透明度(0.5) | 海关各项制度政策的可获取情况 | 0.0248 |
| | | 2.2.2　其他政府制度的透明度(0.5) | 其他政府制度政策的可获取情况 | 0.0248 |
| | 2.3　贸易枢纽作用(0.311) | 2.3.1　对“一带一路”国家贸易增速(0.67) | 与“一带一路”国家发生的进出口贸易增速 | 0.0267 |
| | | 2.3.2　交通辐射能力(0.33) | 区域与各公路、铁路、港口、机场口岸的直接联通、辐射能力,主要通过直航、直运班次数量衡量 | 0.0131 |
| 3. 精确性评价(accuracy, A)(0.291) | 3.1　国际化程度(0.177) | 3.1.1　进出口货物/商品种类(0.1) | 在区域内的进出口区物流的货物种类多样性 | 0.0052 |
| | | 3.1.2　进出口贸易伙伴国/地区数量(0.5) | 区内进出口贸易涉及的贸易国家/地区数量 | 0.0258 |
| | | 3.1.3　授权经营者企业数(0.25) | 区内贸易涉及的授权经营者企业数量 | 0.0129 |
| | | 3.1.4　“经认证的经营者”互认国家数 (0.15) | 强化“经认证的经营者”互认情况 | 0.0077 |

续表

| 一级指标权重 | 二级指标权重 | 三级指标权重 | 指　标　内　涵 | 相应总权重 |
|---|---|---|---|---|
| 3. 精确性评价（accuracy，A）（0.291） | 3.2　通关成本（0.324） | 3.2.1　经营性收费项目减免（0.1） | 政府部门对区内货物在通关环节的经营性收费项目减免情况 | 0.0094 |
| 3. 精确性评价（accuracy，A）（0.291） | 3.2　通关成本（0.324） | 3.2.2　一线进出境通关成本（0.2） | 货物在一线进出境通关环节的费用，包含报关费用、查验装卸费用、海运柜调拨费用等 | 0.0189 |
| 3. 精确性评价（accuracy，A）（0.291） | 3.2　通关成本（0.324） | 3.2.3　二线进出境通关成本（0.2） | 货物在二线进出境通关环节的费用，包含报关费用、查验装卸费用、海运柜调拨费用等 | 0.0189 |
| 3. 精确性评价（accuracy，A）（0.291） | 3.2　通关成本（0.324） | 3.2.4　保税仓储费用（0.5） | 货物在特殊监管区域内保税存储中的仓储费用 | 0.0471 |
| 3. 精确性评价（accuracy，A）（0.291） | 3.3　硬件设施与功能（0.499） | 3.3.1　规划签约项目占地面积（0.1） | 特殊监管区域在获批设立时的规划占地面积 | 0.0145 |
| 3. 精确性评价（accuracy，A）（0.291） | 3.3　硬件设施与功能（0.499） | 3.3.2　验收运作面积占比（0.15） | 特殊监管区域实际被验收运作的面积占规划面积的比例 | 0.0218 |
| 3. 精确性评价（accuracy，A）（0.291） | 3.3　硬件设施与功能（0.499） | 3.3.3　保税仓库面积（0.25） | 区域内保税仓库的总面积 | 0.0363 |
| 3. 精确性评价（accuracy，A）（0.291） | 3.3　硬件设施与功能（0.499） | 3.3.4　保税仓库使用率（0.25） | 区域内实际投入使用的保税仓库占保税仓库总面积的比例 | 0.0363 |
| 3. 精确性评价（accuracy，A）（0.291） | 3.3　硬件设施与功能（0.499） | 3.3.5　出入卡口放行能力（0.25） | 评价区域卡口满足车辆进出的承载能力，由卡口通道数量及每日卡口服务放行时间组成 | 0.0363 |
| 4. 时效性评价（responsiveness，R）（0.282） | 4.1　通关效率（0.311） | 4.1.1　进口海关通关时间（0.25） | 进口报关单从申报至放行时间 | 0.0219 |
| 4. 时效性评价（responsiveness，R）（0.282） | 4.1　通关效率（0.311） | 4.1.2　进口整体通关时间（0.25） | 进口货物从运抵海关监管区域至清关后提离海关监管区域所用时长 | 0.0219 |
| 4. 时效性评价（responsiveness，R）（0.282） | 4.1　通关效率（0.311） | 4.1.3　出口海关通关时间（0.25） | 出口报关单从申报至放行时间 | 0.0219 |
| 4. 时效性评价（responsiveness，R）（0.282） | 4.1　通关效率（0.311） | 4.1.4　出口整体通关时间（0.25） | 出口货物从运抵海关监管区域至清关后提离海关监管区域所用时长 | 0.0219 |

续表

| 一级指标权重 | 二级指标权重 | 三级指标权重 | 指　标　内　涵 | 相应总权重 |
| --- | --- | --- | --- | --- |
| 4. 时效性评价(responsiveness，R)(0.282) | 4.2　贸易新业态(0.232) | 4.2.1　新业态贸易规模 (0.34) | 区域内新业态业务(包含跨境电商、平行进口车、融资租赁等)年度贸易总值 | 0.0222 |
| | | 4.2.2　新业态贸易额增速(0.33) | 区域内新业态业务(包含跨境电商、平行进口车、融资租赁等)年度贸易额增速 | 0.0216 |
| | | 4.2.3　新业态企业数量(0.33) | 区域内从事新业态业务(包含跨境电商、平行进口车、融资租赁等)的企业数量 | 0.0216 |
| | 4.3　企业满意度(0.457) | 4.3.1　办事效率满意度(0.4) | 企业对特殊监管区域内海关办事效率满意程度 | 0.0515 |
| | | 4.3.2　政策稳定、连续性满意度(0.2) | 企业对区域内相关政策的稳定性方面是否满意 | 0.0258 |
| | | 4.3.3　政策公平性满意度(0.1) | 企业对区域内相关政策在执法统一性、公平性方面是否满意 | 0.0129 |
| | | 4.3.4　贸易便利化制度创新的满意度(0.2) | 企业对区域内贸易便利化创新措施是否满意 | 0.0258 |
| | | 4.3.5　信息公开程度满意度(0.1) | 企业对海关相关政策、信息公开是否满意 | 0.0129 |
| 5. 可移植性评价(transplantability，T)(0.198) | 5.1　信息化水平(0.176) | 5.1.1　署级系统应用率(0.35) | 区域内企业使用总署级别业务系统申报的单证占比 | 0.0122 |
| | | 5.1.2　单一窗口使用率(0.4) | 区域内企业通过“单一窗口”申报的报关单占比 | 0.0139 |
| | | 5.1.3　海关监管过程智能化水平(0.15) | 海关监管智能识别、智能分析、机器人、无人机等新技术的应用情况 | 0.0052 |
| | | 5.1.4　跨部门信息化系统使用率(0.1) | 区域内各监管部门信息共享的情况 | 0.0035 |

续表

| 一级指标权重 | 二级指标权重 | 三级指标权重 | 指　标　内　涵 | 相应总权重 |
|---|---|---|---|---|
| 5. 可移植性评价(transplantability,T)(0.198) | 5.2　清关手续(0.369) | 5.2.1　贸易单证无纸化率(0.5) | 衡量区域内货物通关过程中无纸化单证占比 | 0.0365 |
| | | 5.2.2　第三方检验结果采信情况(0.5) | 区域内是否实施进口商品第三方检验结果采信 | 0.0365 |
| | 5.3　口岸监管部门“三互”程度(0.024) | 5.3.1　口岸监管部门信息互换度(0.25) | “三互”推进大通关建设改革方案指标制定,推动内陆同沿海沿边通关协作,进行信息互换实效打分 | 0.0012 |
| | | 5.3.2　口岸监管部门监管互认度(0.5) | “三互”推进大通关建设改革方案指标制定,推动内陆同沿海沿边通关协作,进行监管互认实效打分 | 0.0024 |
| | | 5.3.3　口岸监管部门执法互助度(0.25) | “三互”推进大通关建设改革方案指标制定,推动内陆同沿海沿边通关协作,进行执法互助实效打分 | 0.0012 |
| | 5.4　制度创新可复制推广度(0.431) | 省级(及以上)可复制推广改革创新措施数量(1.0) | 区域海关推行的省级(以及上)可复制推广改革创新措施数量 | 0.0853 |

注:表中 AEO(authorized economic operator)表示经认证的经营者。

## 3.3　前海综合保税区应用研究

以深圳关区前海综合保税区为应用体系,以 2016—2019 年为时间节点,以粤港澳大湾区 SMART 评价方案对前海综合保税区的实际数据进行归一化统计,计算得到三级指标数值,通过加权和得到二级指标数值和一级指标数值,评估得出近三年粤港澳大湾区的 SMART 综合指数,为粤港澳大湾区贸易便利 SMART 评价机制提供应用实验分析。

## 3.3.1 数据采集抓取

**1. SMART 数据采集**

采集前海综合保税区数据和企业调研数据。其中数据时间跨度为 2016—2019 年。

**2. SMART 数据抓取**

发展一种门户网站爬虫方法，对数据进行抓取，其架构主要包括以下四个方面的内容：

(1) 网页页面链接分析和提取

一般来说，主题门户网站内的 url 根据内容可以分为父页和子页，其中父页用于显示子页链接，不包含有用的信息，而子页里面则存放着可以抓取的数据。因此，为了能够爬取出有效信息，需要设计合适的算法，以更好地区分父页和子页。本方法依据 url 链接的命名进行区分，这是因为在后台系统中，子页的链接需要传入特殊的参数，方便后台提取数据，因此根据链接命名是可行的。

在确定链接命名规则后，根据主题网站设计正则表达式以识别出父页和子页链接，并判断该页面是否属于站内链接，防止爬虫程序抓取不相关的网页。

若是子页，则可以进行内容提取。对于父页，可将所有链接提取出来后，直接跳过，不进行持久化处理。

(2) 网页内容提取

在大型主题门户网站中，正文的格式显得杂乱、不统一。如何在数十万网页下找到里面所有的格式，显得异常困难。本书采取的办法是，先找到一种格式，从所有页面提取到正文，再存入数据库中，此时不同格式的正文字段在数据库中即为空，再反向从空正文字符的链接中查看其格式，编写对应的提取代码，再循环多次，就可以找到所有的格式，从而设计对应的 XPath 语法。

然而，一个网站所包含网页的正文有很多种格式，有可能同时匹配两段 XPath 语法，若直接调用 XPath 的"或"运算，抓取的正文即会重复成两段。

本方法将所有的 XPath 格式先保存在一个 list 中，通过遍历 list 进行正文提取，成功抽取时即退出循环。我们将该抽取过程定义为一个静态类，当静态语句块在加载类的时候，将正文内容列表 content list 进行初始化，静态语句块只会加载在类时执行一次，可以避免每次使用都要初始化 content list。我们将 content list 设计为静态对象，可以给类的所有实例共用，里面的字符串对象可以一直保存，不用在每次调用时都重新分配，节省了空间和时间。在 XPath 语法的循环中遍历提取正文，一旦提取成功，就立即返回，避免了内容的重复获取。

(3) 数据持久化

网页信息抽取结束后，根据需要，可以持久化保存在数据库中，也可以保存成不同的格式。Webmagic 通过定制 Pipeline，实现自定义的信息保存，接口定义如下：

```
public interface Pipeline {
    public void process(ResultItems resultItems, Task task);
}
```

将数据提取与数据持久化处理分开，是为了将模块解耦，使得代码结构比较清晰，可以更灵活地与需求搭配。通常，数据持久化操作是一个 I/O(Input/Output) 密集型操作，此时的 CPU 是空闲的，可以单独开启线程去处理 I/O，使得 CPU 资源得到释放。另外，对于数据的处理，可能不只有一种持久化处理，Webmagic允许在Spider中添加多个Pipeline，可以链式调用持久化操作。在Process的ResultItems参数中，可获取从网页中提取的信息，通过Agriculture对象对应的Setter方法保存在对象中，再调用DAO(data access object)保存对象即可。在Spring和Hibernate的整合下，DAO的代码和配置显得非常简单。

```
public void add(Agriculture agriculture) {
    sessionFactory.getCurrentSession().save(agriculture);
}
```

(4) 增量抓取

布隆过滤器的核心是其中的位数组以及相应的Hash函数，Java的BitSet是一个很典型的位数组，它可以按需申请所需的位向量，每一个位都是一个Boolean值，在默认情况下，所有的位值都为False。对于一个主题门户网站，它必须有一个专有的BitSet，不允许替换，能够提供保存和加载的方法，以便多次使用。

本方法将BitSet设计为静态私有变量，不提供对外的Getter和Setter方法，可以保证不被外部类修改，确保唯一性。Path是BitSet加载保存的路径，在Web项目启动时，必须能够获取项目的部署路径，才能根据需要保存在相应的位置。Spring框架允许在Web.xml中配置Web App Root Key，指定相应的Key，便可以调用通过System.getProperty(Key)方法获取的项目路径，再选取保存的位置。getBitSet方法为，从Path路径中加载并反序列化得到BitSet对象，若没有可以加载的对象，则返回False，重新生成新的实例。最后直接调用Java的对象流将其序列化保存即可。

另外，由于url在Java中以String形式呈现，此处设计的Hash函数针对其中的每个字符都进行计算，然后对结果进行相加后，再与BitSet的长度进行取模，这样可以使Hash分布更均匀。

```
public int hash(String value) {
    int result = 0;
    int len = value.length();
    for (int i = 0; i < len; i++) {
            result = seed * result + value.charAt(i);
        }
        return (cap-1) & result;
}
```

Hash函数先选择一个种子seed，这个种子通常为质数，本书发明的布隆过滤器选用8个Hash值，只需传入8个不同的Hash种子，就能获取不同的Hash值，随机选择的种子为3、5、7、11、13、31、37、61。因为位数组的长度为$2^{25}$，是2的整数次幂，cpa即为长度，“(cap-1)&result”通过与运算，能够快速对result与cap取模。当一个链接传入，调用过滤器的add(String value)方法，它先判断value是否为空，非空则调用addValue(String value)方法，因此真正起作用的是addValue方法，其实现如下：

```
public static void addValue(String value){
    for(SimpleHash f : func)
    bits.set(f.hash(value),true);
}
```

将该方法称为 static，可以在无实例对象的情况下进行调用，方便作为工具类使用。func 是 Hash 算法的数组，对象 SimpleHash 包含了 Hash 算法和 Hash 种子，封装成类方便统一管理，使得代码清晰整洁。过滤器的 contains 方法则是判断是否有相同的 url 存在，当传入一个链接时，调用所有的 Hash 方法进行判断，如果有一个 Hash 算法的值不为 False，则可以确定此 url 没有重复，再进行内容的提取。

## 3.3.2　SMART 指标数据测算

### 3.3.2.1　二级指标测算

获取数据并将 2016 年的数据设为基期值 1，换算三级指标数据得出 2017—2019 年粤港澳大湾区 SMART 综合指数（前海综合保税区）三级指标原始数据，并经过权重系数加权和计算得到二级指标得分（表 3.4），其直观对比如图 3.1 所示。

**表 3.4　2017—2019 年二级指标得分计算结果**

| 二级指标 | 基期值（2016 年） | 2017 年 | 2018 年 | 2019 年 |
|---|---|---|---|---|
| 1.1　防范重大安全风险 | 1 | 1.672 | 3.442 | 1.5245 |
| 1.2　贸易安全标准 | 1 | 1.35 | 1.8 | 1.95 |
| 1.3　非传统安全因素 | 1 | 1.228 | 1.431 | 1.517 |
| 2.1　发展潜力 | 1 | 1.516 | 2.871 | 3.329 |
| 2.2　制度透明度 | 1 | 1.039 | 1.087 | 1.092 |
| 2.3　贸易枢纽作用 | 1 | 2.377 | 4.359 | 15.397 |
| 3.1　国际化程度 | 1 | 1.026 | 1.445 | 1.564 |
| 3.2　通关成本 | 1 | 1.042 | 1.078 | 1.083 |
| 3.3　硬件设施与功能 | 1 | 0.972 | 1.008 | 1.041 |
| 4.1　通关效率 | 1 | 1.148 | 1.489 | 0.707 |
| 4.2　贸易新业态 | 1 | 1.268 | 2.188 | 6.302 |
| 4.3　企业满意度 | 1 | 1.039 | 1.087 | 1.092 |
| 5.1　信息化水平 | 1 | 1 | 1.25 | 1.25 |
| 5.2　清关手续 | 1 | 1 | 1.003 | 1.005 |
| 5.3　监管部门“三互”程度 | 1 | 1.011 | 1.008 | 1.017 |
| 5.4　制度创新可复制推广度 | 1 | 1 | 1.5 | 1.5 |

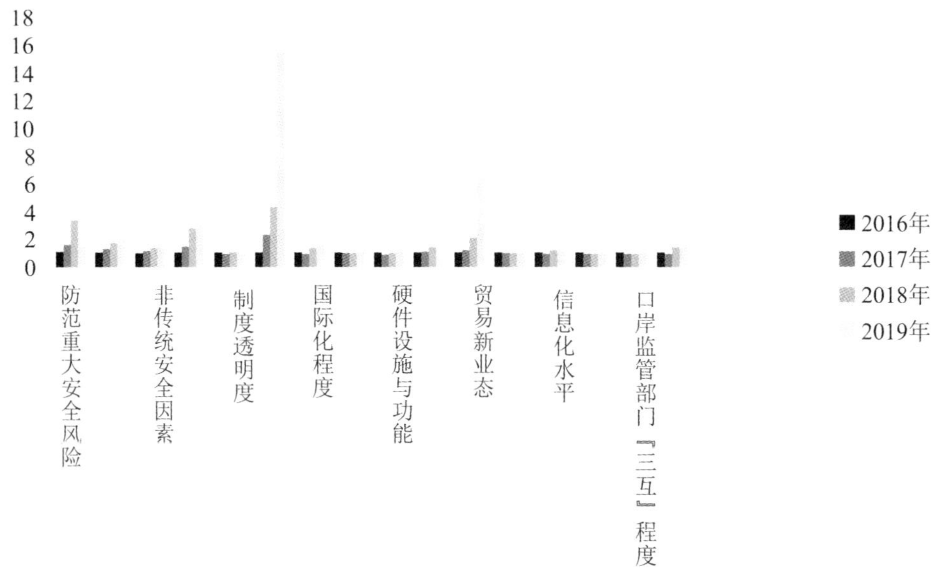


**图 3.1　前海综合保税区 2017—2019 年二级指标得分比较**

#### 3.3.2.2　一级指标测算

通过计算得出 2017—2019 年粤港澳大湾区 SMART 综合指数(前海综合保税区)一级指标得分及总得分(表 3.5)。

**表 3.5　2017—2019 年一级指标得分计算结果**

| 一级指标得分 | 基期值(2016 年) | 2017 年 | 2018 年 | 2019 年 |
|---|---|---|---|---|
| 安全性评价 | 1 | 1.3853 | 2.0641 | 1.7072 |
| 可测性评价 | 1 | 1.5992 | 2.6434 | 6.2164 |
| 精确性评价 | 1 | 1.0042 | 1.1080 | 1.1472 |
| 时效性评价 | 1 | 1.1260 | 1.4675 | 2.1810 |
| 可移植性评价 | 1 | 1.0003 | 1.2608 | 1.2617 |

#### 3.3.2.3　综合指数测算

以前海综合保税区 2016 年的数据为基期,设定 2016 年各级指标得分为 1,基于所得的三级指标相应的总指标权重,结合三级指标规范化后的指标值,利用加权和的方法得出 2017—2019 年粤港澳大湾区 SMART 综合指数(前海综合保税区),具体见表 3.6。

**表 3.6　综合指数计算结果**

| 年　　份 | 基期值(2016 年) | 2017 年 | 2018 年 | 2019 年 |
|---|---|---|---|---|
| 粤港澳大湾区 SMART 综合指数(前海综合保税区) | 1 | 1.1524 | 1.5327 | 2.1668 |

由表 3.6 可知，2017—2019 年粤港澳大湾区 SMART 综合指数（前海综合保税区）逐年提高，且 2019 年提升十分显著，得分比 2017 年提高 101.44%，从数据的角度可反映出前海综合保税区 2019 年经济发展迸发出强大的活力。

### 3.3.3 测算结果与实际发展对比

从粤港澳大湾区的 SMART 综合指数来看，2019 年较 2017 年、2018 年有十分显著的提升，与前海综合保税区整体发展趋势相符。2019 年，前海综合保税区进出口贸易总值达 1285.52 亿元（来源于海关总署网站统计月报），同比增长 49.37%；入库税款达 162.2 亿元，增长 48.3%；前海综合保税区占深圳经济特区进出口外贸总值比重从 2017 年的 1.46% 提升至 4.32%，单位面积进出口总值从 2017 年的 109.9 亿元/平方千米增长至 346.5 亿元/平方千米。

具体到二级指标，计算结果也与前海综合保税区实际发展情况相吻合，比如，2019 年 6 月开展 9610 模式出口跨境电商业务以来，全年新业态贸易额迅猛增长至 120.95 亿元，同比增长 196.16%，当年贸易新业态指标得分显著提高。另外，“离港空运服务中心”项目发展迅猛，更多贸易国/地区的进出口货物进出前海综合保税区，进出口货物/商品种类、进出口贸易伙伴国/地区数量明显增多，与“一带一路”国家间的贸易往来愈加频繁，因此 2019 年的贸易枢纽指标得分大幅提升，成为最大的亮点。

可见，无论是从前海综合保税区的整体贸易还是从局部业务观察，粤港澳大湾区 SMART 评估方案的计算结果都贴合实际发展情况。

## 章末小结

本章在已有的 SMART 评价指南的基础上，结合粤港澳大湾区的特点，考虑国际贸易便利化、一体化需求，兼顾新模型、新技术、新标准成果的有效性和实用性，建立粤港澳大湾区贸易便利化 SMART 应用方案，并采集前海综合保税区的多年数据进行方案测算，所取得的测算结果与该区域的实际发展趋势相贴合，证明该应用方案具有较高的实用性。

## 参考文献

[1] Batista L. Translating trade and transport facilitation into strategic operations performance objectives [J]. Supply Chain Management: An International Journal, 2012, 17(2): 124-137.

[2] Park J H, Choi S B. A study on the development of AEO in Korea for trade facilitation[J]. The Journal of Korea Research Society for Customs, 2013, 14(1): 111-132.

[3] Misak A, Thomas H. Impacts of trade facilitation on modal choice and international trade flows[J]. Economics of Transportation, 2021(28): 34.

[4] Ruiz F, Cabello J M, Pérez-Gladish B. Building ease-of-doing-business synthetic indicators using a double reference point approach[J]. Technological Forecasting and Social Change, 2018, 131:

130-140.

［5］ Rogge N，Archer G. Measuring and analyzing country change in establishing ease of doing business using a revised version of World Bank's ease of doing business index[J]. European Journal of Operational Research，2020，290(1)：373-385.

［6］ 郭永泉. 中国海关促进贸易便利化的现状和对策[J]. 海关与经贸研究，2017，38(1)：39-48.

［7］ 宋林霖，何成祥. 优化营商环境视阈下"放管服"改革的逻辑与推进路径：基于世界银行营商环境指标体系的分析[J]. 中国行政管理，2018(4)：29-33，36.

［8］ 刘登攀. 世界银行跨境贸易便利化框架下的北京实践[J]. 中国流通经济，2019，33(1)：72-81.

［9］ 王敏，吴晓芬，邓建高，等. "21世纪海上丝绸之路"贸易便利化水平测度[J]. 统计与决策，2021，37(5)：104-107.

［10］ 李翠，张光涛. 基于灰色关联度模型的流通产业结构优化效应研究[J]. 商业经济研究，2021(11)：28-30.

# 第 4 章　基于 Apriori 算法的口岸食品安全预警信息挖掘

经济和人口的不断增长使人们对食品安全的要求越来越高，随着人们对食品安全问题的持续关注，食品安全监管部门也逐渐加大了对食品安全检测的投入。[1]随着大量的食品安全检测数据逐渐积累，我们需要进一步分析、挖掘和利用这些检测数据，获取指导食品安全监管的有价值信息。当前，我国食品进出口贸易量不断上升，在丰富我国国内市场食品种类的同时，也给食品安全监管提出了新的挑战。

我国化学危害物质造成的食物中毒事件的数量和中毒人数的构成比均低于微生物引起的食品安全事件，然而化学危害物质造成的死亡人数远超与微生物相关的食物中毒事件。例如，1999—2014 年，我国因化学危害物质造成的食物中毒死亡人数占食品安全相关事件总死亡人数的 42.58％。[2]化学危害物质对食品安全构成较大威胁，需要加强该领域的监管和风险管理。对于口岸食品，在长期的食品安全监管工作中，积累了大量的食品安全检测数据，对这些数据进行统计、分析，并运用数据挖掘算法进行食品安全风险预警信息的挖掘，可以提高往期数据的价值，进一步保障口岸食品安全，提高监管工作效率。

本章期望利用互联网和计算机技术提高风险控制效率，为口岸食品安全监管提供有价值的信息，为此我们对口岸食品安全检测数据进行统计和分析，并挖掘预警信息。通过预警信息的挖掘，我们可确定威胁食品安全的危害物质特征和危害发生的趋势，加深对食品中化学危害物质的认识，帮助识别可能存在的食品安全风险，制定具有前瞻性的监管政策以减少口岸食品安全事件的发生。本章研究的技术路线图如图 4.1 所示。

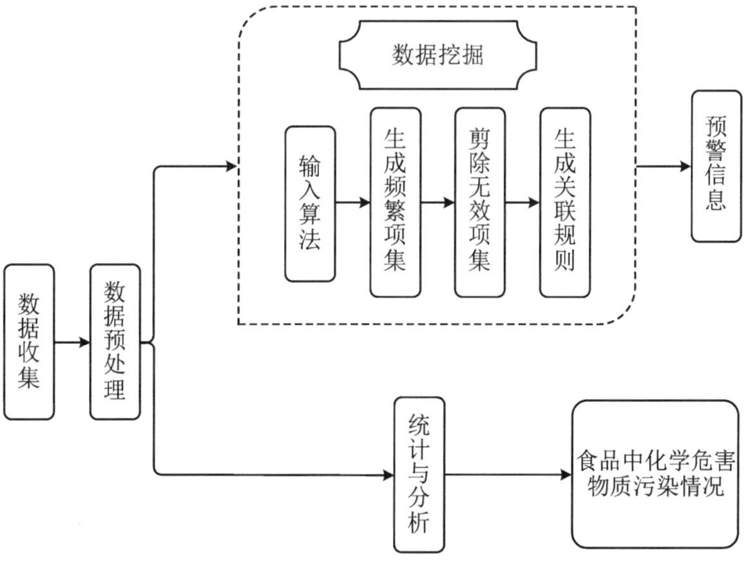


**图 4.1　第 4 章研究的技术路线图**

# 4.1 Apriori 算法的基本原理及预警信息评估方法

食品安全预警关联规则的挖掘分为预警关联规则生成和评估两个阶段。应用 Apriori 算法可识别频繁项并从频繁项集中提取关联规则，此外，可根据每条规则对食品安全的重要性来评估生成的关联规则。

## 4.1.1 Apriori 算法的基本原理

作为数据挖掘技术之一，关联规则挖掘用于解析大量数据中各项目之间的有趣关系。Apriori 是一种优秀的数据分析方法，用于从数据集中挖掘频繁项集并推导关联规则。[3] Apriori 算法生成频繁项集的流程如图 4.2 所示，即首先扫描数据集，确定每个项的支持度，得到所有单个项集的集合，然后迭代使用 $k-1$ 项集产生新的候选 $k$ 项集（Apriori-Gen），最后再次扫描数据集确定所有候选项的支持度，当没有新的频繁项集产生时算法结束，算法总迭代次数为 $k_{\max+1}$，其中 $k_{\max}$ 为频繁项集的最大长度。本节中的标准关联规则是"$A \rightarrow B$"形式，其中，$A$（左侧项或前因）和 $B$（右侧项或结果）是不相交的属性值对集。规则的生成有两个衡量标准：支持度（Support）表示规则有效的案例在整个关键数据集中的比例，而置信度（Confidence）表示相同但仅在满足规则前提的案例子集中的比例。[4] 在本节中，支持度和置信度分别由式（4.1）至式（4.4）确定：

$$\text{Support}(A) = P(A) = \frac{\text{包含 } A \text{ 的案例数}}{\text{总案例数}} \tag{4.1}$$

$$\text{Support}(B) = P(B) = \frac{\text{包含 } B \text{ 的案例数}}{\text{总案例数}} \tag{4.2}$$

$$\text{Support}(A \rightarrow B) = P(A \cup B) = \frac{\text{同时包含 } A \text{ 和 } B \text{ 的案例数}}{\text{总案例数}} \tag{4.3}$$

$$\text{Confidence}(A \rightarrow B) = P(B/A) = \frac{\text{同时包含 } A \text{ 和 } B \text{ 的案例数}}{\text{包含 } A \text{ 的案例数}} \tag{4.4}$$

本节中的实验环境为 Windows 10，编程语言为 Python 3.6.4，集成软件为 PyCharm，首先采用广度优先的搜索法统计规则的支持度，再统计规则的置信度。[5] 然后在频繁项集和关联规则生成的过程中，可以设置支持度或置信度的最小值，将算法生成的大量规则中重要性较低（即支持度或置信度较低）的关联规则过滤，仅生成支持度或置信度较高的关联规则，减少后续评估的工作量。最后对挖掘出的关联规则进行整合记录，提取出食品安全预警规则列表。

## 4.1.2 食品安全预警信息的评估

由于预警关联规则的挖掘通常会生成数量较多的关联规则，其中有很多具有误导性或错误性，其支持度和置信度值有时也会高于设置的最小阈值，因此本节将规则兴趣度（rule interestingness，RI）作为评估关联规则的重要指标。考虑到基于"支持度-置信度"评估的局

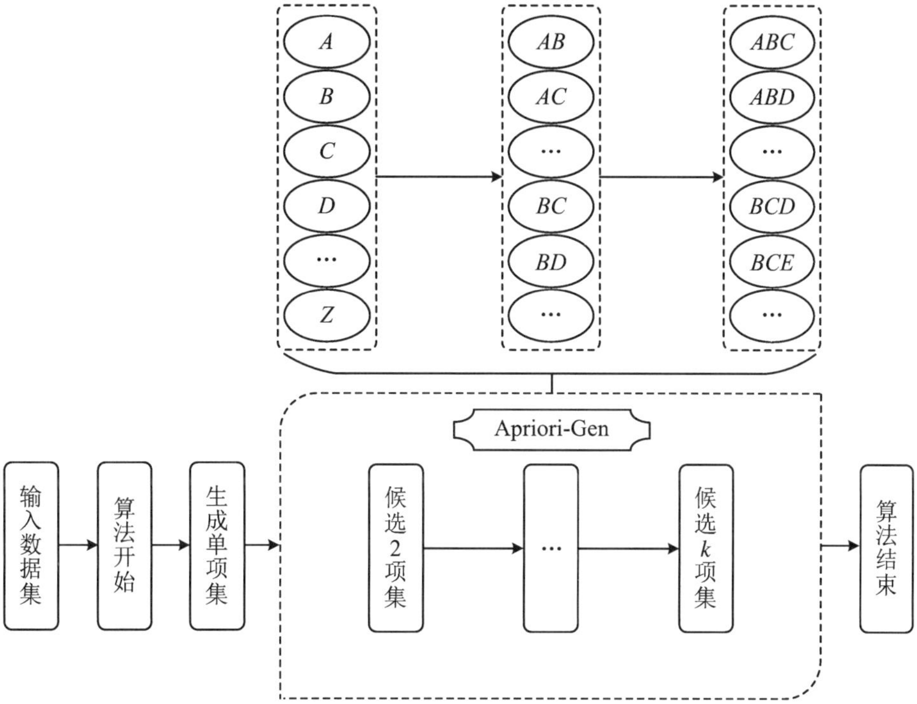


**图 4.2　Apriori 算法生成频繁项集的流程图**

限性，我们使用基于相关性分析的公式来评估预警关联规则[6]，该公式由以下等式确定：

$$\mathrm{RI}(A \rightarrow B) = \frac{P(AB)}{P(A) * P(B)} \tag{4.5}$$

式中，RI 是关联规则 $A \rightarrow B$ 的兴趣度，它满足以下条件的度量：当 $\mathrm{RI}(A \rightarrow B) > 1$ 时表示 $P(AB) > [P(A) * P(B)]$；当 $0 < \mathrm{RI}(A \rightarrow B) < 1$ 时表示 $P(AB) < [P(A) * P(B)]$；当 $\mathrm{RI}(A \rightarrow B) = 1$时表示 $P(AB) = [P(A) * P(B)]$。

以上三种情况所表示的含义为：$\mathrm{RI}(A \rightarrow B) > 1$ 表示 $A$ 和 $B$ 正相关，RI 越大表示 $B$ 条件满足时，$A$ 条件也满足的概率越高；$0 < \mathrm{RI}(A \rightarrow B) < 1$ 表示 $A$ 和 $B$ 负相关，$A$ 条件满足的概率越高，$B$ 条件也满足的概率越低；$\mathrm{RI}(A \rightarrow B) = 1$ 则表示 $A$ 和 $B$ 没有相关性。根据上述评估方法，我们可以通过 RI 的高低来筛选重要性更高、优先度靠前的预警关联规则。

# 4.2　口岸食品安全检测数据的统计和分析

从 14336 条口岸食品安全检测不合格的数据中，筛选出 3875 条与化学危害物质相关的检测数据，主要涉及五类化学危害物质：真菌毒素、抗菌药物、β-兴奋剂、重金属和农药。下面将详细描述这些数据的统计和分析结果。

## 4.2.1　食品安全检测数据中涉及的化学危害物质及其分类

如图 4.3 所示，在 3875 条数据中，与抗菌药物和农药这两种危害物质相关的检测数据最多，分别为 1496 条和 1025 条，而涉及真菌毒素和 β-兴奋剂的数据分别只有 244 条和 240 条，显示重金属元素超标的数据有 870 条。与食品或农产品中抗菌药物超标相关的检测数据所占比例高达 38.61%，其次是农药和重金属元素超标，所占比例分别为 26.45%和 22.45%。涉及真菌毒素的检测数据有 244 条，所占比例仅为 6.3%，其中最容易被真菌毒素污染的产品是谷物和坚果。与 β-兴奋剂相关的检测数据较少（共 240 条，占比 6.19%），但值得注意的是，我国相关法律法规禁止在供人食用的动物中使用 β-兴奋剂，因此此类违禁药物的非法使用仍需重点关注，以防出现严重的食品安全事故。

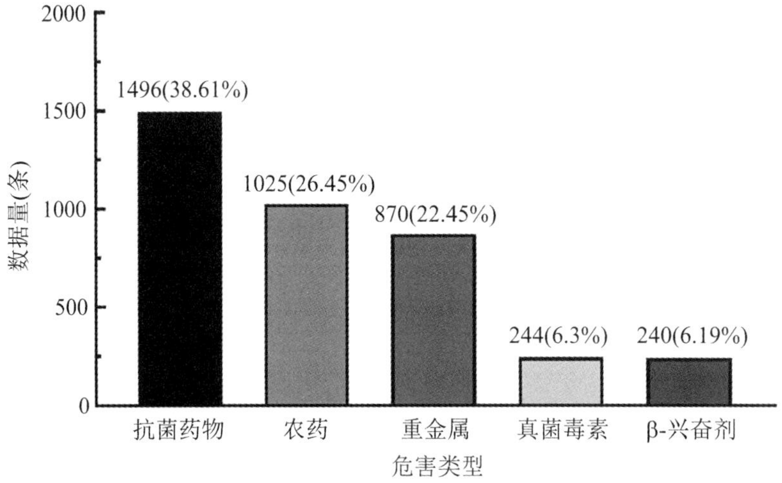


**图 4.3 食品安全检测数据中化学危害物质的类型**

根据危害物质类型进行分类统计的结果显示（表 4.1），恩诺沙星为相关检测数据最多的危害物质，有 1024 条数据，占抗菌药物相关数据的 68.45%，在所有数据中占比 26.43%，另一种禁用抗生素氯霉素有 472 条数据（在抗菌药物分类中占比 31.55%，占总体的12.18%）。农药中毒死蜱有 692 条相关数据，占总体数据的 17.86%，其数量和占比仅次于恩诺沙星，另一种农药克百威有 333 条数据，在总体数据中占比达 8.59%，也是检出较多的危害物质之一。数量位居第三的危害物质为有害重金属元素 Cd，共有 566 条检测数据，在总数据中占比达 14.61%，而 Pb 超标的数据为 304 条，在总体数据中占比为 7.84%，也是检出率较高的危害物质。与 β-兴奋剂和真菌毒素相关的检测数据均在 240 条左右，但分类统计结果也显示其中存在较为突出的危害物质。例如，真菌毒素超标的检测数据中，AFB1 和 DON 相关数据分别为 117 条和 101 条，在真菌毒素分类中占比之和接近 90%，而 ZEN 和 OTA 超标的情况只是零星出现，数量较少。在 β-兴奋剂超标的检测数据中，克伦特罗占比接近 83%，其余两种禁药的数据量和占比均较低。

**表 4.1 食品安全检测数据中化学危害物质的分类统计**

| 危害类型 | 危害物质 | 数目(条) | 占分类比例 | 占总数据比例 |
|---|---|---|---|---|
| 真菌毒素 | AFB1 | 117 | 47.95% | 3.02% |
| | DON | 101 | 41.39% | 2.61% |
| | ZEN | 14 | 5.74% | 0.36% |
| | OTA | 12 | 4.92% | 0.31% |

续表

| 危害类型 | 危害物质 | 数目(条) | 占分类比例 | 占总数据比例 |
|---|---|---|---|---|
| 抗菌药物 | 恩诺沙星 | 1024 | 68.45% | 26.43% |
| | 氯霉素 | 472 | 31.55% | 12.18% |
| β-兴奋剂 | 克伦特罗 | 199 | 82.92% | 5.14% |
| | 莱克多巴胺 | 27 | 11.25% | 0.69% |
| | 沙丁胺醇 | 14 | 5.83% | 0.36% |
| 重金属 | Cd | 566 | 65.06% | 14.61% |
| | Pb | 304 | 34.94% | 7.84% |
| 农药 | 毒死蜱 | 692 | 67.51% | 17.86% |
| | 克百威 | 333 | 32.49% | 8.59% |

## 4.2.2　食品安全检测数据中涉及的产品或原材料及其分类

根据所涉及的产品或原材料及其所属类型不同，对食品安全检测数据进行统计，各类产品或原材料的相关数据数量及占比如图 4.4 所示。与水产品相关的检测数据最多，共有 1482 条，占比 38.25%，其次是蔬菜(1025 条，占比 26.45%)，畜产品和家禽类产品分别为 421 条和 389 条，占比分别为 10.87%和 10.04%。谷物产品的比例为 4.46%，坚果、食用油和水果的比例为 1.1%～1.4%，其他占比低于 1%的产品类别在图中均以“其他”表示，占总数的6.19%。由结果可见，水产品、蔬菜的食品安全问题突出，且这两种类型的食品日常消费量也较大，相关安全问题需要引起重点关注，畜产品、家禽类和谷物也是日常消费量较大的产品，随着生活水平的提高，居民也会逐渐形成稳定的坚果、水果消费习惯，而食用油则是日常烹饪不可或缺的，这些都说明目前食品安全问题常常集中发生在消费量大、日常必需的产品中，保障这些食品的安全是至关重要的。

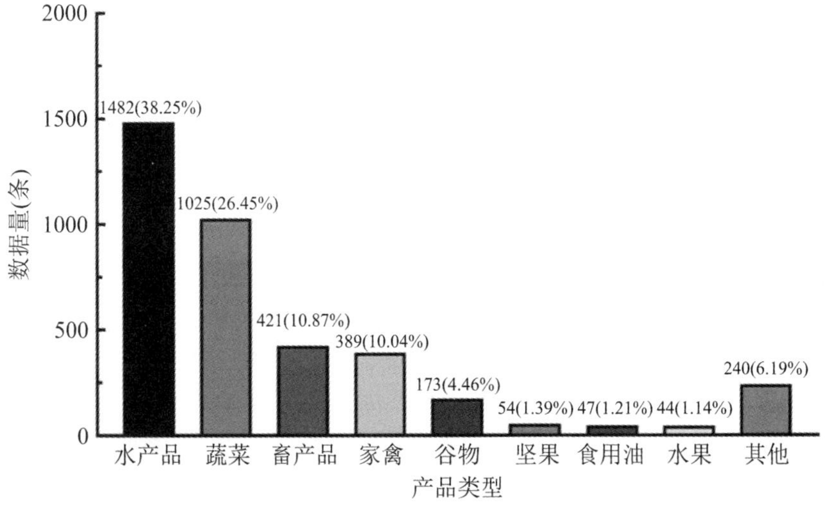


**图 4.4　食品安全检测数据中产品或原材料的类型**

按检测数据所显示的产品或原材料进行统计的结果如图 4.5 所示，各类产品或原材料所占总体数据的比例为 2%～18.4%，低于 2%的在图中汇总于“其他”。其中两种占比超过10%的产品为鱼(699 条，18.04%)和芹菜(440 条，11.35%)，虾(272 条)、贝类(245 条)和蟹(232 条)占比为 5%～7.1%，由此可见，无论是产品类型还是具体产品的统计都显示，水产品是食品安全问题最为突出的产品类型。而除了芹菜之外，其余出现检测不合格情况的蔬菜，如韭菜、豇豆、菠菜等数据量接近，占比为 2.4%～3.5%。在畜产品和家禽类产品中，问题比较突出的是禽蛋、猪肉、牛羊肉等，这些食品安全问题可能是由违规使用抗菌药物、违禁药物引起的。小麦作为重要的主粮，与其相关的不合格情况有 129 条(3.33%)，但是考虑到小麦及其制品具有较大的消费量，可能会导致消费者长期暴露于危害物质，造成健康危害。花生的相关检测数据有 94 条(2.43%)，是统计结果中显示的唯一坚果类产品，食品安全问题突出的原因除了花生本身消费量较大外，与花生加工产品如食用花生油、零食、花生酱等生产、消费量较大也有关。

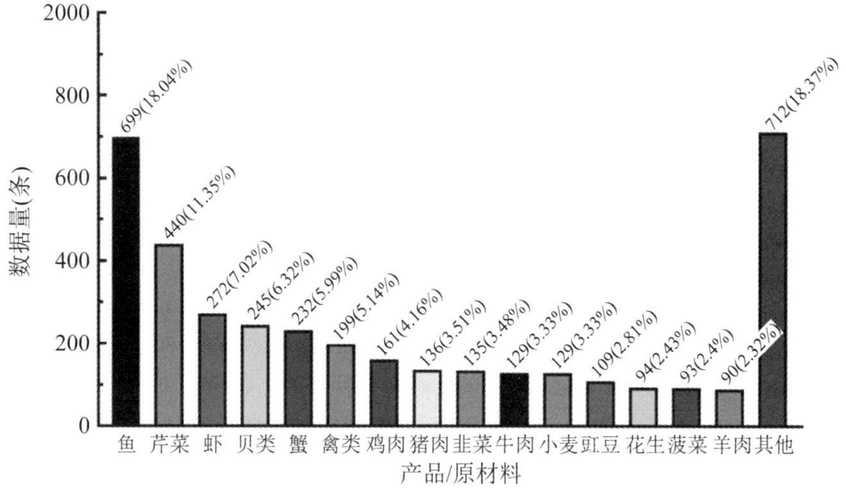


**图 4.5　食品安全检测数据中产品或原材料的统计**

除了前面提到的两种统计方法外，我们还对不同化学危害物质类型涉及的产品或原材料进行了统计(表 4.2)，即在涉及同种危害物质的食品检测数据中，出现频次较高的产品或原材料，同样将所占比例小于 2%的产品或原材料在表中标注为“其他”。在真菌毒素超标的产品中，小麦有 106 条数据，其次是花生(91 条)，这两种产品所占比例之和超过了 80%。在抗菌药物超标的产品中，鱼、贝类位居前两位且均是水产品，分别占抗菌药物超标数据的44.12%和 15.44%，禽蛋和鸡肉作为家禽类产品紧随其后，数据量分别为 184 条(12.30%)和 158 条(10.56%)。在与β-兴奋剂相关的不合格产品中，牛肉有 108 条数据，占该分类数据的 45%，其次是羊肉和动物内脏，分别有 62 条和 48 条数据，猪肉有 22 条数据，占比9.17%，且与其他危害物质不同，与β-兴奋剂相关的仅有畜产品一类，这也与这种禁药的用途直接相关。此外，虾和蟹在与重金属 Pb 和 Cd 超标相关的数据中占比最大，均占该分类数据的四分之一以上，分别有 242 条和 232 条数据，而与农药残留相关的主要是各类蔬菜，其中芹菜最多，其次是韭菜、豇豆、菠菜等，基本与图 4.4 和图 4.5 中的统计结果一致。

**表 4.2　不同化学危害物质类型涉及的产品或原材料统计**

| 危害类型 | 产品或原材料 | 数目(条) | 占分类比例 |
| --- | --- | --- | --- |
| 真菌毒素 | 小麦 | 106 | 43.44% |
| | 花生 | 91 | 37.29% |
| | 玉米 | 21 | 8.61% |
| | 芝麻 | 7 | 2.87% |
| | 其他 | 19 | 7.79% |
| 抗菌药物 | 鱼 | 660 | 44.12% |
| | 贝类 | 231 | 15.44% |
| | 禽蛋 | 184 | 12.3% |
| | 鸡肉 | 158 | 10.56% |
| | 猪肉 | 107 | 7.15% |
| | 牛蛙 | 34 | 2.27% |
| | 蜂蜜 | 31 | 2.07% |
| | 虾 | 30 | 2.01% |
| | 其他 | 61 | 4.08% |
| β-兴奋剂 | 牛肉 | 108 | 45% |
| | 羊肉 | 62 | 25.83% |
| | 动物内脏 | 48 | 20% |
| | 猪肉 | 22 | 9.17% |
| 重金属 | 虾 | 242 | 27.82% |
| | 蟹 | 232 | 26.67% |
| | 鱼 | 39 | 4.48% |
| | 蜜饯 | 39 | 4.48% |
| | 淀粉 | 38 | 4.37% |
| | 茶 | 35 | 4.02% |
| | 贝类 | 231 | 15.44% |
| | 生姜 | 30 | 3.45% |
| | 小麦 | 23 | 2.64% |
| | 黄花菜 | 19 | 2.18% |
| | 羊肉 | 18 | 2.07% |
| | 其他 | 155 | 17.82% |

续表

| 危害类型 | 产品或原材料 | 数目(条) | 占分类比例 |
|---|---|---|---|
| 农药 | 芹菜 | 440 | 42.93% |
| | 韭菜 | 120 | 11.71% |
| | 豇豆 | 109 | 10.63% |
| | 菠菜 | 93 | 9.07% |
| | 白菜 | 80 | 7.81% |
| | 青菜 | 65 | 6.34% |
| | 橘子 | 31 | 3.02% |
| | 辣椒 | 22 | 2.15% |
| | 其他 | 65 | 6.34% |

综上所述,食品安全检测数据中显示出问题数量较多的产品是水产品、蔬菜、畜产品和家禽类产品,其中占比较高的产品或原料为鱼、芹菜、虾、禽蛋等,均属上述分类。但如表 4.2 的结果所示,部分产品的相关检测数据虽然数量并不多,但食品安全问题频发且均集中在特定危害物质,如小麦、花生等与真菌毒素的相关性很高,因此对往期食品安全检测数据进行数据挖掘,可能获得有价值的信息。

### 4.2.3 食品安全检测数据中涉及的地理位置和时间信息

所有数据均根据记载的信息,按年度、月份、季度进行统计。食品安全检测数据的年份分布如图 4.6 所示,其中没有记录日期的数据用“无记录”表示。其中,2014 年和 2015 年的检测数据很少,2016—2019 年的检测数据逐年增加。2020 年有 900 条数据,比 2019 年少但多于 2018 年的数据,此种情况可能是因为食品安全检测数据经各地监管部门记录后定期上传至公开平台,而截至 2020 年 11 月,仍有部分 2020 年末的数据未上传,这可能是因为 2020 年食品安全检测数据中与化学危害物质相关的食品安全问题已经得到有效解决。

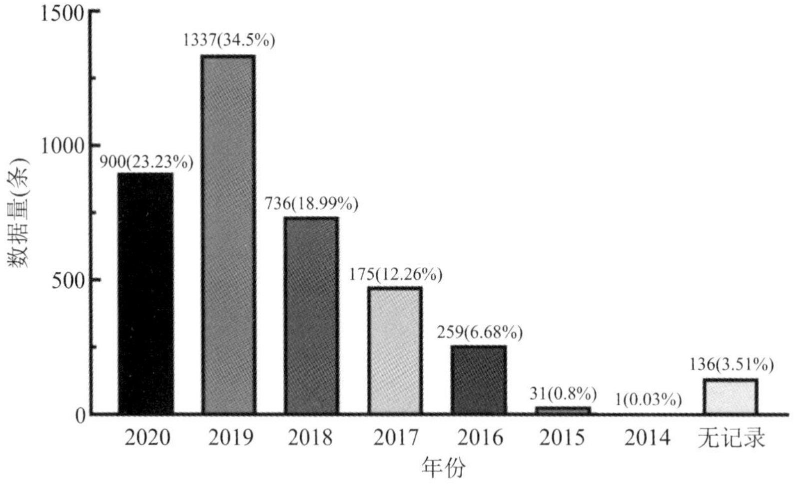


**图 4.6 食品安全检测数据的年度统计**

检测数据的月份和季度分布情况见表 4.3。在全年所有月份中，4 月、7 月、8 月、9 月、10 月的检测数据均超过 9%，2 月和 12 月的数据较少，占比分别为 4.52%和 5.39%，其余月份均占 6.74%～8.9%。因此，从食品安全检测数据的季度分布来看，Q3 季度的相关数据最多，Q2 季度约占四分之一，而 Q1 和 Q4 季度的数据占比分别为 18.55%和 22.14%。整体而言，春、夏季的食品安全检测数据更多，有可能是因为这一时间段内鱼、虾等水产品和蔬菜类产品消费量较高，相关部门也增加了监管力度和抽检频率，造成这些时段的累积数据较多。还要注意的是，在收集到的数据中发现，数据登记的信息中，相比于检测项目、检测结果、产品信息等属性，时间信息的记录较为混乱，多数数据中关于生产日期、检测日期没有详细记录，时间信息的统一化记录在数据预处理阶段也耗费了较多的时间，因此推进数据标准化也对提高监管水平、监管效率有着重要意义。

**表 4.3　食品安全检测数据的月份和季度统计**

| 月　份 | 数　目 | 所占比例 | 季　度 | 数　目 | 所占比例 |
|---|---|---|---|---|---|
| 1 | 283 | 7.31% | Q1 | 719 | 18.55% |
| 2 | 175 | 4.52% | | | |
| 3 | 261 | 6.74% | | | |
| 4 | 353 | 9.11% | Q2 | 1007 | 25.99% |
| 5 | 309 | 7.97% | | | |
| 6 | 345 | 8.9% | | | |
| 7 | 355 | 9.16% | Q3 | 1155 | 29.81% |
| 8 | 386 | 9.96% | | | |
| 9 | 414 | 10.68% | | | |
| 10 | 353 | 9.11% | Q4 | 858 | 22.14% |
| 11 | 296 | 7.64% | | | |
| 12 | 209 | 5.39% | | | |
| 无记录 | 136 | 3.51% | 无记录 | 136 | 3.51% |

我们还对地理位置分布情况进行了统计(表 4.4)。上传数据最多的地区是广东省和河南省，上传数据均超过 500 条，占总数据的比例为 13%以上。此外，北京市、贵州省、吉林省、上海市和浙江省有 140～205 条相关数据，海南省上传了 297 条数据，其他地区的检测数据一般为 40～136 条，西藏自治区的相关数据最少，只有 2 条。地理位置分布差异较大的原因如下：第一，可能与各地人口数量有关，人口数量较多的地区，各类食品、农产品的消费量、供应量也会较多，因此即使在相同的监管力度下积累的数据也会更多。第二，可能与各地监管部门的信息化水平有关，偏远地区或经济不发达地区缺乏便利的数据上传设备，造成登记数据少的情况。因此，为进一步提高监管水平和工作效率，应提高往期检测数据的价值并进一步挖掘有效信息，同时，也不可忽视信息化建设。

表 4.4　食品安全检测数据的地理位置信息统计

| 省份 | 数目(条) | 所占比例 | 省份 | 数目(条) | 所占比例 |
| --- | --- | --- | --- | --- | --- |
| 安徽 | 113 | 2.92% | 江西 | 40 | 1.03% |
| 北京 | 171 | 4.41% | 辽宁 | 96 | 2.48% |
| 重庆 | 136 | 3.51% | 内蒙古 | 63 | 1.63% |
| 福建 | 71 | 1.83% | 宁夏 | 48 | 1.24% |
| 广东 | 530 | 13.68% | 青海 | 43 | 1.11% |
| 甘肃 | 63 | 1.63% | 陕西 | 48 | 1.24% |
| 广西 | 71 | 1.83% | 四川 | 78 | 2.01% |
| 贵州 | 177 | 4.57% | 山东 | 90 | 2.32% |
| 海南 | 297 | 7.66% | 上海 | 140 | 3.61% |
| 河北 | 89 | 2.29% | 山西 | 59 | 1.52% |
| 河南 | 515 | 13.29% | 天津 | 121 | 3.12% |
| 黑龙江 | 58 | 1.5% | 新疆 | 41 | 1.06% |
| 湖北 | 63 | 1.63% | 西藏 | 2 | 0.05% |
| 湖南 | 136 | 3.51% | 云南 | 47 | 1.21% |
| 吉林 | 205 | 5.29% | 浙江 | 146 | 3.77% |
| 江苏 | 118 | 3.05% | | | |

# 4.3　口岸食品安全预警信息的挖掘与评估

## 4.3.1　Apriori 算法挖掘食品安全预警信息

我们将前期收集并筛选预处理后的口岸食品安全检测数据输入算法，通过 Apriori 算法挖掘得到频繁项和关联规则。首先输入所有食品安全检测数据并设置不同的支持度阈值，记录算法输出的频繁项和关联规则并统计数量，在不同的数据范围和支持度阈值下得到的频繁项和关联规则数目见表 4.5。如表 4.5 所示，全部食品安全检测数据都输入算法时，只生成了少数可供选择的频繁项和关联规则，且频繁项的支持度普遍低于 0.3。而将所有数据先根据危害类型分类后再输入算法，得到的频繁项和关联规则的数目明显增加，部分条目的支持度可大于 0.4。因此，在挖掘预警信息时不宜输入所有的食品安全检测数据，在输入算法之前将数据先进行分类或筛选获得的信息价值会更高。本节在挖掘预警信息和评估关联规则时，使用的参数是“Support>0.4”和“Confidence>0.6”。

**表 4.5　Apriori 算法生成的频繁项和关联规则的数目**

| 数据范围 | 支持度阈值 | 频繁项数目(条) | 关联规则数目 |
| --- | --- | --- | --- |
| 全部数据 | 0.1 | 56 | 63 |
| | 0.2 | 14 | 6 |
| | 0.3 | 3 | — |
| 真菌毒素 | 0.1 | 207 | 775 |
| | 0.2 | 41 | 74 |
| | 0.3 | 25 | 54 |
| | 0.4 | 17 | 43 |
| | 0.5 | 3 | 1 |
| 抗菌药物 | 0.1 | 153 | 342 |
| | 0.2 | 39 | 63 |
| | 0.3 | 21 | 42 |
| | 0.4 | 11 | 19 |
| | 0.5 | 5 | 4 |
| β-兴奋剂 | 0.1 | 207 | 523 |
| | 0.2 | 63 | 136 |
| | 0.3 | 23 | 50 |
| | 0.4 | 15 | 31 |
| | 0.5 | 7 | 12 |
| 重金属 | 0.1 | 171 | 412 |
| | 0.2 | 53 | 110 |
| | 0.3 | 13 | 15 |
| | 0.4 | 9 | 13 |
| | 0.5 | 7 | 12 |
| 农药 | 0.1 | 163 | 339 |
| | 0.2 | 51 | 91 |
| | 0.3 | 23 | 38 |
| | 0.4 | 11 | 17 |
| | 0.5 | 7 | 12 |

将食品安全检测数据按危害类型筛选后，在支持度阈值为 0.4 的情况下，通过 Apriori 算法生成频繁项，结果见表 4.6(部分内容重复的项未在表中展示)。真菌毒素相关数据的算法输出项的支持度为 0.4～0.55，关键字为"小麦""谷物""AFB1"，输出抗菌药物相关的频繁项支持度为 0.44～0.68，关键词主要是"水产品""鱼""恩诺沙星"。在与 β-兴奋剂相关的项目中，"克伦特罗"的支持度最高，为 0.835，"牛肉　克伦特罗"和"牛肉"的支持度分别为 0.4

和0.43。将重金属相关数据输入算法后得到4个有效频繁项,支持度为0.4~0.67,其关键词主要是“水产品”和“Cd”,还有一个与时间相关的关键词“Y2019”。在与农药相关的频繁项中,“蔬菜”的支持度最高,为0.936,其他项的支持度为0.43~0.68,与农药相关的关键词是“芹菜”“蔬菜”“毒死蜱”。上述关键词及其相关条目揭示了最需要关注的食品安全问题,支持度则反映了相关项目在食品安全检测数据中出现的频率,支持度越高表明需要重点关注,且由算法生成的频繁项关键词与前述的统计和分析结果基本一致,但算法挖掘效率更高,更节约时间和人力。

**表4.6 Apriori算法生成的频繁项(支持度>0.4)**

| 数据范围 | 频　繁　项 | 支持度 | 数据范围 | 频　繁　项 | 支持度 |
|---|---|---|---|---|---|
| 真菌毒素 | “小麦” | 0.415 | 重金属 | “Y2019” | 0.415 |
| | “小麦　谷物” | 0.415 | | “水产品” | 0.618 |
| | “AFB1” | 0.493 | | “水产品　Cd” | 0.618 |
| | “谷物” | 0.541 | | “Cd” | 0.663 |
| 抗菌药物 | “鱼” | 0.448 | 农药 | “芹菜” | 0.431 |
| | “水产品　鱼” | 0.448 | | “芹菜　蔬菜” | 0.431 |
| | “恩诺沙星　水产品” | 0.448 | | “毒死蜱　蔬菜” | 0.673 |
| | “水产品” | 0.646 | | “毒死蜱” | 0.675 |
| | “恩诺沙星” | 0.679 | | “蔬菜” | 0.936 |
| β-兴奋剂 | “牛肉　克伦特罗” | 0.4 | | | |
| | “牛肉” | 0.43 | | | |
| | “克伦特罗” | 0.835 | | | |

## 4.3.2 食品安全预警信息的评估

前文提到了评估关联规则的式(4.5),用于计算关联规则的RI,上述研究中生成的关联规则及其置信度和RI见表4.7(未显示重复和不相关的关联规则,即RI=1)。与真菌毒素相关的关联规则中,值得关注的是“真菌毒素　谷物”→“小麦”,置信度为0.766,RI为1.8484。对于与抗菌药物相关的数据,“抗菌药物　水产品”→“鱼”是一个具有高置信度(0.694)和RI(1.548)的关联规则,将鱼与水产品中抗菌药物残留超标的安全问题相关联,另一条关联规则显示恩诺沙星是水产品中的高频危害物质,然而该规则的置信度达到了0.66,但RI仅为1.0214,显示出较低的相关性。水产品不仅容易出现抗菌药物相关问题,还容易被重金属元素污染,表4.7中的“水产品”与“Cd”呈正相关,置信度为0.932且RI为1.5083,而通过β-兴奋剂相关数据获得的关联规则反映了“牛肉”和“克伦特罗”之间较强的相关性。在农药残留方面,“芹菜”与“农药”的相关性最高(RI=1.0684),且表4.6也显示“芹菜”为高频项目,另一个关联规则“蔬菜”→“农药　毒死蜱”则表明毒死蜱是蔬菜中最常见的农药残留。

表 4.7　Apriori 算法生成关联规则的置信度和 RI(按危害类型筛选数据)

| 数据范围 | 关 联 规 则 | 置信度 | RI |
|---|---|---|---|
| 真菌毒素 | “真菌毒素　谷物”→“小麦” | 0.766 | 1.8484 |
| 抗菌药物 | “抗菌药物　水产品”→“鱼” | 0.694 | 1.548 |
| | “恩诺沙星　抗菌药物”→“水产品” | 0.66 | 1.0214 |
| β-兴奋剂 | “牛肉”→“克伦特罗” | 0.929 | 1.1141 |
| | “牛肉”→“β-兴奋剂　克伦特罗” | 0.929 | 1.1141 |
| 重金属 | “Cd”→“水产品” | 0.932 | 1.5083 |
| | “Cd　重金属”→“水产品” | 0.932 | 1.5083 |
| 农药 | “芹菜”→“农药　芹菜” | 1 | 1.0684 |
| | “蔬菜”→“农药　毒死蜱” | 0.719 | 1.0652 |

除了根据危害类型筛选数据用于挖掘预警信息外，还可以将产品分类、年份或季度作为搜索词进行数据筛选。例如，结合上述食品安全检测数据统计和分析，选取“水产品”“家禽”“谷物”等涉及多种危害物质的产品类型作为搜索关键词，将与这些搜索关键词相关的数据输入算法，得到满足设置阈值(支持度>0.4 和置信度>0.6)的频繁项和关联规则(表 4.8，其中频繁项未展示)。筛选出与“水产品”相关的数据后，得到的关联规则主要体现了鱼类产品与抗菌药物残留的相关性，恩诺沙星是导致产品出现不合格情况的高频危害物质。虽然表 4.7 显示水产品也容易出现重金属元素超标，但表 4.8 的结果却显示水产品中最突出的食品安全问题仍然是抗菌药物残留，这样的结果也体现出使用不同范围的检测数据得出的关联规则相互对比，可以获得更有价值的预警信息。与家禽类产品相关的关联规则显示，以恩诺沙星为代表的抗菌药物残留也是家禽产品中出现频率最高的食品安全问题，禽类产品中鸡蛋和鸡肉出现不合格的频率较高，这可能与其消费量较大有关，从而导致检测数据积累较多。值得注意的是，关联规则“禽蛋”→“抗菌药物”的 RI 为 0.9835，表明“禽蛋”和“抗菌药物”之间呈负相关，这是我们获得的唯一呈负相关的关联规则。与谷物产品相关的关联规则中置信度和 RI 最高的是“小麦　真菌毒素”→“DON”，这表明小麦极易受真菌毒素 DON 污染而造成食品安全问题，该问题较为突出的原因是小麦是消费量极大的谷物产品，导致积累的数据较多，此外，相关研究、调查也报道小麦及其制品中 DON 毒素污染的情况比较严重，在多个地区都存在检出率高的问题，需要监管部门重点关注并提高监管力度。

表 4.8　Apriori 算法生成关联规则的置信度和 RI(按产品类型筛选数据)

| 数据范围 | 关 联 规 则 | 置信度 | RI |
|---|---|---|---|
| 水产品 | “抗菌药物”→“恩诺沙星” | 0.701 | 1.5528 |
| | “抗菌药物”→“鱼” | 0.691 | 1.4671 |
| 家禽 | “抗菌药物　禽蛋”→“恩诺沙星” | 0.973 | 1.3267 |
| | “禽蛋”→“抗菌药物　恩诺沙星” | 0.899 | 1.2278 |
| | “抗菌药物”→“恩诺沙星” | 0.779 | 1.0627 |

续表

| 数据范围 | 关联规则 | 置信度 | RI |
|---|---|---|---|
| 家禽 | "鸡肉"→"抗菌药物" | 0.981 | 1.0421 |
| | "禽蛋"→"抗菌药物" | 0.925 | 0.9835 |
| 谷物 | "小麦　真菌毒素"→"DON" | 0.953 | 1.642 |
| | "小麦"→"DON" | 0.783 | 1.3495 |
| | "真菌毒素"→"DON" | 0.743 | 1.2788 |
| | "真菌毒素"→"小麦" | 0.779 | 1.051 |

我们的重点关注对象是花生,因此还使用 Apriori 算法对花生的检测数据进行了频繁项和关联规则的挖掘。结果显示,其中重要频繁项是"真菌毒素　AFB1　花生"(支持度为 0.958),重要的关联规则有"真菌毒素　AFB1"→"花生"(置信度为 1.000,RI 为 1.0111)和"坚果　AFB1"→"花生"(置信度为 1.000,RI 为 1.0438)。以上结果说明花生 AFB1 污染是重要的食品安全问题,但可能由于当前数据中花生的相关检测数据还比较少,形成的关联规则 RI 还比较低,在预警信息中排序还比较低。

## 4.4　结果分析与讨论

我们收集到 14336 条显示不合格的口岸食品安全检测数据,包括化学危害、微生物危害和物理损伤等多种类型的食品安全问题。根据研究目的,筛选出与化学危害物质相关的食品安全检测数据 3875 条,约占数据总量的 27%,涉及抗菌药物和农药残留的数据超过 1000 条,分别占 38.61%和 26.45%。统计结果显示,最突出和最需要关注的危害类型是抗菌药物和农药,其中恩诺沙星和氯霉素是主要的违规使用的抗菌药物,而农药残留超标的检测数据则多为毒死蜱和克百威。此外,其他的危害物质也不容忽视,食品中重金属元素超标相关检测数据近 900 条,以 Pb、Cd 为代表的重金属元素会对人体健康造成重大危害。[7-8]涉及真菌毒素的数据有 244 条,包括的有害物质有 AFB1、DON、ZEN 和 OTA,研究表明,真菌毒素对人体健康造成严重威胁,会导致恶心、呕吐和腹泻,更严重的会导致基因突变、致癌和不孕症。[9-10]

随后根据产品类型进行数据统计,与水产品和蔬菜相关的检测数据占比最高,分别超过 38%和 26%,畜产品和家禽类产品约占 10%。但是,当对不同危害类型的各类产品相关数据进行单独统计时,所表现出的趋势则呈现出一些差异。例如,小麦、花生、玉米等产品的数据量相对较少,但这些产品被真菌毒素污染的概率相对较高。[11]与水产品相关的主要食品安全问题是抗菌药物和重金属污染,抗菌药物残留与水产品养殖过程中广泛使用各类药物有关,而重金属元素更可能是水体污染造成的。[12-13]另一种出现抗菌药物残留超标频次较高的产品是家禽类产品,大量研究表明在家禽养殖过程中过量使用抗菌药物,极易造成在最终产品中检测到相关药物残留超出限定值。[14]除了本节检出频率最高的抗菌药物恩诺沙星外,氯霉素也是在贝类中检出频率很高的抗菌药物,值得关注的问题是,虽然食品中禁止使用氯霉素，但在检测数据中仍有 472 条检出氯霉素超标。流行病学结果表明氯霉素对人类健康有严重的不良影响，因此应该重点关注这种潜在的食品安全问题以及可能由此引发的健康风险。[15]与抗菌药物有关的数据表明，这些药物目前仍在动物养殖过程中超量或违规使用，因此管理部门对此类危害物质应加强监管，控制相关的安全风险。同时，畜产品非法使用 β-兴奋剂的情况最为严重，而大部分农药残留的检测数据与蔬菜类的各种产品高度相关。[16-17]与其他产品不同，重金属元素超标的产品波及的范围最广，涉及 12 类 30 种食品或农产品，不仅包括水产品、蔬菜、家禽，还包括茶叶、食用菌、蜜饯、淀粉类食物等，环境中重金属元素的积累及其食物链的累积效应使得需要水和土壤进行培育或养殖的农产品极易受到重金属元素的污染，成为不可忽视的食品安全风险。[18]

此外，我们还按地理位置、时间信息对食品安全检测数据进行了统计和分析。从检测数据的年度分布来看，2016 年之前的检测数据较少，但之后的检测数据逐渐增多。目前，平台中仍然有一些检测数据没有明确登记产品的生产日期或检测日期，使得相关数据的价值有所降低。而月份、季度分布无显著差异，4—10 月的数据比其他月份略多，所以第二、第三季度的数据也高于其他季度，这可能是由于 4—10 月是蔬菜和水产品的消费高峰期，监管部门加大了监管和检测的频率，使得这一时间段的积累数据更多。但不同地区的检测数据量存在一定差异，广东省、河南省、吉林省、海南省等地区的数据量较多，西藏自治区、新疆维吾尔自治区、江西省等地区的数据则较少，检测数据的数量差异可能与不同地区的监管力度、监管系统信息化程度的不同以及人口和食品消费量的分布不同有关。[19]

上述统计和分析表明，化学危害物质与出现安全问题的产品类型存在直接相关性，在某一类产品中会较高频次地检出同一种危害物质。这些相关性表明，数据挖掘方法可以用来从以往的检测数据中获取有价值的预警信息，建立各种属性之间的关联规则。在研究中发现，以危害类型作为搜索词来筛选数据会带来更好的挖掘结果，因为会有更多的频繁项和关联规则符合设置阈值的要求（支持度＞0.4 和置信度＞0.6）。生成的频繁项表明各类化学危害类型中都具有高频出现的关键信息，可以指向重要的食品安全风险。除了 Apriori 算法外，很多研究还使用其他数据挖掘或机器学习方法来获取食品安全预警信息，例如有学者提出了一种基于层次分析法（analytic hierarchy process，AHP）集成极限学习机（extreme learning machine，ELM）的预测建模方法，以获得有效的过程特征信息（process characteristic information，PCI）。[20]

在本节中，频繁项和关联规则所包含的信息与统计结果相似，例如，在“真菌毒素”和“小麦”、“抗菌药物”和“鱼”、“牛肉”和“克伦特罗”之间建立了有价值的关联规则。除了使用危害类型作为搜索词外，还可以使用产品类型、年份或地点筛选数据后进行挖掘，得到某部分数据集的关联规则。但是随着技术的发展，数据挖掘在食品安全领域的应用不断增加，使用传统的“支持度-置信度”框架来评估大数据中挖掘的关联规则并不理想，由于传统挖掘算法的缺点以及关联规则正负相关性问题，一些研究人员提出使用兴趣度来评估关联规则的重要性。[21]我们可根据算法输出的预警信息的评估结果判断是否需要发出安全风险警告，而兴趣度的高低则可以用来提示警告级别，协助监管部门采取更及时、有效的管理措施。

综上所述，本章的研究结果表明，在口岸食品安全监管过程中积累的往期数据中，存在着有价值的信息，通过对数据进行统计和分析可以总结以往食品安全问题的发生频率、高频危害物质以及易发生食品安全问题的产品类型等，对监管政策的调整具有一定的指导意义。在此基础上，我们利用 Apriori 算法提出基于食品安全检测数据的口岸食品安全预警信息发掘方法，与传统数理统计方法相比，该方法处理速度更快、工作效率更高，并且可以形成有价值的关联规则，在危害类型、产品类型、发生时间和地点等属性之间建立联系，结合关联规则的评估方法，对关联规则根据相关性进行重要性排序，以此形成食品安全预警信息列表。与传统的数据分析方法相比，数据挖掘方法的优势一方面是算法运行速度快、扫描范围广、输出信息统一，另一方面是具有一定的通用性，我们提出的食品安全预警信息发掘方法除了可以运用于监管部门的食品安全检测数据外，生产商、销售商、物流体系等食品供应链中的其他部门也可以使用此方法挖掘自身环节中积累的相关数据中存在的有价值信息，如加工方式、冷链运输与食品品质、保质期、货架期之间的联系，推动全供应链的监控和风险预警能力。并且，本节使用的数据挖掘方法也具有一定的扩展性，用于挖掘的数据集只需按照统一的方式进行文本记录即可，在数据连续累积的情况下可以不断更新预警信息列表，在支持度、置信度和 RI 评估环节引入一定的专家决策，还可以保证预警信息的时效性。当然，该方法还存在一些局限性，例如，目前从数据收集、分析到结果输出的整个过程还需要不同程度的人工处理环节，还需要将预警信息挖掘方法的集成化、系统化程度不断提高，同时要扩大数据来源，除了相关监管部门，还可以与生产、销售企业共同建立食品全供应链数据的汇总平台，利用预警信息控制从生产到消费全流程的食品安全风险。这些不足之处需要在后续研究中不断加以弥补，建立更加完善、高效的口岸食品安全预警信息挖掘系统。

此外，对于本节中重点关注的花生 AFT 污染，食品安全检测数据也显示花生相关的检测不合格结果共有 94 条数据，除了 3 条与重金属元素超标有关，其余 91 条均显示 AFB1 超标问题，而在所有显示 AFB1 超标的检测数据中，花生占比达 77.78%，且产品类型覆盖花生、花生油、花生酱等较为常见的花生相关食品。对于花生的检测数据进行数据挖掘的结果显示出重要频繁项“真菌毒素　AFB1　花生”(支持度为 0.958)，相关的关联规则有“真菌毒素　AFB1”→“花生”(置信度为 1.000，RI 为 1.0111)和“坚果　AFB1”→“花生”(置信度为 1.000，RI 为 1.0438)。以上都显示出花生中 AFB1 检出率较高，因此花生中 AFT 污染的防控和风险管理对食品安全都具有重要意义。对于本节中提出的预警信息挖掘方法，在口岸食品安全监管工作中重点收集花生产品的相关检测信息，形成专用数据库后挖掘有价值的信息，还可以继续收集花生 AFT 污染与产地、季节、时间、加工方式等属性的关联信息，进一步推动风险预警系统的建立。

## 章末小结

本章在收集口岸食品安全检测数据的基础上，对检测数据进行统计和分析，并使用 Apriori 算法挖掘食品安全检测数据中的频繁项和关联规则。我们从监管部门数据公开平台收集了 14336 条食品安全检测不合格数据，筛选出与化学危害物质相关的数据共 3875 条，其中抗菌药物超标相关数据有 1496 条(38.61%)，此为数量最多的危害物质类型，农药残留超标有 1025 条(26.45%)，重金属超标有 870 条(22.45%)，而真菌毒素和 β-兴奋剂超标检测数据分别有 244 条(6.30%)和 240 条(6.19%)。

对口岸食品安全检测数据的统计和分析结果显示，恩诺沙星数据占比 26.43%(1024 条)为检出频率最高的单一危害物质，其次为农药毒死蜱占比 17.86%(692 条)、Cd 占比 14.61%(566 条)和氯霉素占比 12.18%(472 条)。真菌毒素和 β-兴奋剂超标的检测数据量虽然较少,但统计分析也显示,在真菌毒素中,AFB1 和 DON 的检出率较高,分别占该危害类型数据的 47.95%(117 条)和 41.39%(101 条),而 β-兴奋剂超标的检测结果中 82.92%(199 条)为克伦特罗。对检测数据中相关食品的统计结果显示,易出现抗菌药物超标的主要有鱼类、贝类等水产品以及禽蛋、鸡肉等家禽类产品,出现农药残留超标的主要是以芹菜、韭菜为代表的蔬菜类产品,违规使用禁药 β-兴奋剂导致检测不合格的均为家畜产品,重金属超标的主要是水产品。在真菌毒素超标的产品中,小麦有 106 条数据(最多),其次是花生(94 条),花生有 91 条数据均显示 AFB1 超标,且所有显示 AFB1 超标的检测数据中花生占比达到 77.78%,产品类型覆盖了花生、花生油、花生酱等较为常见的花生相关食品。

将口岸食品安全检测数据输入 Apriori 算法挖掘其中的频繁项和关联规则,根据算法输出的条目数量,数据挖掘时采用根据危害物质类型分类发掘的方法,参数设置为支持度阈值 0.4 和置信度阈值 0.6。汇总 Apriori 算法输出的频繁项和关联规则并进行预警关联规则评估,其中值得关注的预警信息有"真菌毒素　谷物"→"小麦"(置信度为 0.766,RI 为 1.8484)、"抗菌药物　水产品"→"鱼"(置信度为 0.694,RI 为 1.548)、"Cd　重金属"→"水产品"(置信度为 0.932,RI 为 1.5083)、"小麦　真菌毒素"→"DON"(置信度为 0.953,RI 为 1.642)等,以及呈负相关性(RI 为 0.9835)的关联规则"禽蛋"→"抗菌药物"。而对于与花生相关的食品安全检测数据,挖掘结果显示的重要关联规则有"真菌毒素　AFB1"→"花生"(置信度为 1,RI 为 1.0111)和"坚果　AFB1"→"花生"(置信度为 1,RI 为1.0438)。通过 Apriori 算法获取的预警关联规则显示出口岸食品中的高频化学危害物质并揭示出其中的关联性,并且可根据 RI 的大小进行预警信息重要性排序,指出需要重点关注的食品安全问题。Apriori 算法与传统统计方法相比,具有批量处理、快速输出的高效率优势。

# 参考文献


[1] 任发政,罗洁,张明,等. 我国婴幼儿配方乳粉产业政策与安全现状解析[J]. 食品科学技术学报,2016,34(4):1-6.

[2] 邓国兴,姜随意,高志贤. 1999—2014 年全国重大食物中毒通报资料的汇总与分析[J]. 食品研究与开发,2015,36(10):149-152.

[3] Wang P, Yao J, Wang G, et al. Exploring the application of artificial intelligence technology for identification of water pollution characteristics and tracing the source of water quality pollutants[J]. Science of the Total Environment, 2019, 693: 133440.

[4] Djenouri Y, Belhadi A, Fournier-Viger P, et al. Mining diversified association rules in big datasets: a cluster/GPU/genetic approach[J]. Information Sciences, 2018, 459: 117-134.

[5] Raj S, Ramesh D, Sethi K K. A spark-based Apriori algorithm with reduced shuffle overhead[J]. The Journal of Supercomputing, 2021, 77(1): 133-151.

[6] Somyanonthanakul R, Theeramunkong T. Characterization of interestingness measures using correlation analysis and association rule mining[J]. IEICE Transactions on Information and Systems, 2020, 103(4): 779-788.

[7] Li X, Zhou D. A meta-analysis on phenotypic variation in cadmium accumulation of rice and wheat: implications for food cadmium risk control[J]. Pedosphere, 2019, 29(5): 545-553.

[8] Zhang X, Wang Z, Liu L, et al. Assessment of the risks from dietary lead exposure in China[J]. Journal of Hazardous Materials, 2021, 418: 126134.
[9] Cimbalo A, Alonso-Garrido M, Font G, et al. Toxicity of mycotoxins in-vivo on vertebrate organisms: a review[J]. Food and Chemical Toxicology, 2020, 137: 111161.
[10] Xu R, Karrow N A, Shandilya U K, et al. In-vitro cell culture for efficient assessment of mycotoxin exposure, toxicity and risk mitigation[J]. Toxins, 2020, 12(3): 146.
[11] Tyska D, Mallmann A O, Vidal J K, et al. Multivariate method for prediction of fumonisins B1 and B2 and zearalenone in Brazilian maize using near infrared spectroscopy (NIR) [J]. PLoS One, 2021, 16(1): e0244957.
[12] Song C, Li L, Zhang C, et al. Dietary risk ranking for residual antibiotics in cultured aquatic products around Tai Lake, China[J]. Ecotoxicology and Environmental Safety, 2017, 144: 252-257.
[13] Zhao X M, Yao L A, Ma Q L, et al. Distribution and ecological risk assessment of cadmium in water and sediment in Longjiang River, China: implication on water quality management after pollution accident[J]. Chemosphere, 2018, 194: 107-116.
[14] Kang J, Hossain M A, Park H C, et al. Cross-contamination of enrofloxacin in veterinary medicinal and nutritional products in Korea[J]. Antibiotics, 2021, 10(2): 128.
[15] Chen H, Rao H, He P, et al. Potential toxicity of amphenicol antibiotic: binding of chloramphenicol to human serum albumin[J]. Environmental Science and Pollution Research, 2014, 21(19): 11340-11348.
[16] Yuan Y, Nie H, Yin J, et al. Selective extraction and detection of β-agonists in swine urine for monitoring illegal use in livestock breeding[J]. Food Chemistry, 2020, 313: 126155.
[17] Li C, Zhu H, Li C, et al. The present situation of pesticide residues in China and their removal and transformation during food processing[J]. Food Chemistry, 2021, 354: 129552.
[18] Zhang J, Xue Q, Chen Q F, et al. Heavy metal pollution characteristics and assessment of environmental quality and safety of facility agriculture soil in Shouguang[J]. IOP Conference Series: Earth and Environmental Science, 2021, 626(1): 12019.
[19] 岳冬冬，王鲁民，方海，等. 中国城乡居民水产品消费量与收入差距关系研究[J]. 渔业信息与战略，2018，33(1)：1-8.
[20] Geng Z, Zhao S, Tao G, et al. Early warning modeling and analysis based on analytic hierarchy process integrated extreme learning machine (AHP-ELM): application to food safety[J]. Food Control, 2017, 78: 33-42.
[21] Shaikh M R, Mcnicholas P D, Antonie M L, et al. Standardizing interestingness measures for association rules[J]. Statistical Analysis and Data Mining: The ASA Data Science Journal, 2018, 11(6): 282-295.

# 第5章　基于CNN预训练模型的花生霉变快速识别方法

深度学习技术中的CNN，由于其具有“卷积”和“下采样”的特性，而善于处理多维特征样品的分类，与传统视觉图像检测技术相比，蕴含更多图像特征信息，已被广泛用于图像识别和检测领域。近年来，得益于计算机视觉技术的发展，其高效、实时、准确和无损等优点使得该技术被越来越广泛地应用于农产品的品种检测和质量评估。[1]相关研究有，使用基于智能设备的数字图像比色法，根据从姜黄素溶液的数字图像中获得的颜色测量来确定姜黄中的姜黄素含量，能够达到0.48 mg/L的检测限和1.61 mg/L的定量限，与使用紫外-可见微孔板测定法和高效液相色谱法的测量结果进行比较，三种方法无显著性差异，而基于智能设备的数字图像比色法更为方便、易用、低成本。[2]

花生作为一种常见的农产品在我国以及在世界范围内广泛种植，我国是目前世界上最大的花生进出口贸易国。花生在收获、储藏过程中极易发生破损和霉变，影响其品质和价值，也易产生AFT造成食品安全问题。根据花生霉变及产生毒素的特点，在花生储运过程中发生霉变、交叉污染以及产生大量毒素积累之前，及时监控和发现花生的霉变，分拣和处理已出现霉变的样品，也是控制污染、减少食品安全问题的有效手段。[3]长期以来，在花生种植、收获和生产加工过程中，花生分拣大多依靠人工，非常耗时耗力且效率低下。因此在本章中，我们着重关注花生霉变以及产生的AFT危害，结合神经网络等技术提出危害快速识别方法，以提高口岸食品安全监管工作的效率，控制相关的食品安全风险。

CNN在AFT危害防控方面也有应用，如利用一维CNN对高光谱数据中像素级的AFT进行分类，对于花生样品的测试，最高准确率为96.35%，玉米为92.11%，混合样品为94.64%，结果表明CNN与传统基于特征分类的方法相比大幅提高了检测效率。[4]本章基于一种预训练的CNN模型GoogLeNet，采用迁移学习(transfer learning)的方法，使用包含霉变花生的图像进行模型训练，提出一种快速、无损的霉变花生图像识别方法，有助于解决人工分拣效率低、漏检率高的问题，以在霉变早期阶段剔除污染样品，解决长期储藏过程中AFT严重污染的问题。本章研究的技术路线图如图5.1所示。

## 5.1　图像数据的采集和预处理

### 5.1.1　图像采集方法

拍摄时使用的拍摄箱及相关布置方法，以及样品在拍摄板上的排列方式如图5.2所示。

拍摄图像时将样品放入一个长、宽、高均为 60 cm 的拍摄箱底部，拍摄箱顶部开口用于拍摄和观察样品，且在拍摄箱顶部固定功率为 30 W 的白色 LED 灯用于照明。一台 1670 万像素的数码照相机使用三脚架固定于拍摄箱外侧，距拍摄箱底部样品 60 cm，拍摄时等效焦距为 35 mm，光圈为 F 8.0，快门速度为 1/110 s，拍摄图像后剪裁为正方形，分辨率约为 2480 像素×2480 像素，文件格式为 JPEG(joint photographic experts group)。样品拍摄板为一块边长为 25 cm 的正方形黑色硬纸板，沿边长方向均按 5 cm 分割成 25 个长、宽均为 5 cm 的正方形区域，每拍摄一张图像均需随机取出 25 粒花生，每个小方形区域放置一粒花生，整个拍摄板置于拍摄箱底部中心位置后拍摄图像，拍摄时手动设置对焦点为拍摄板中心位置。

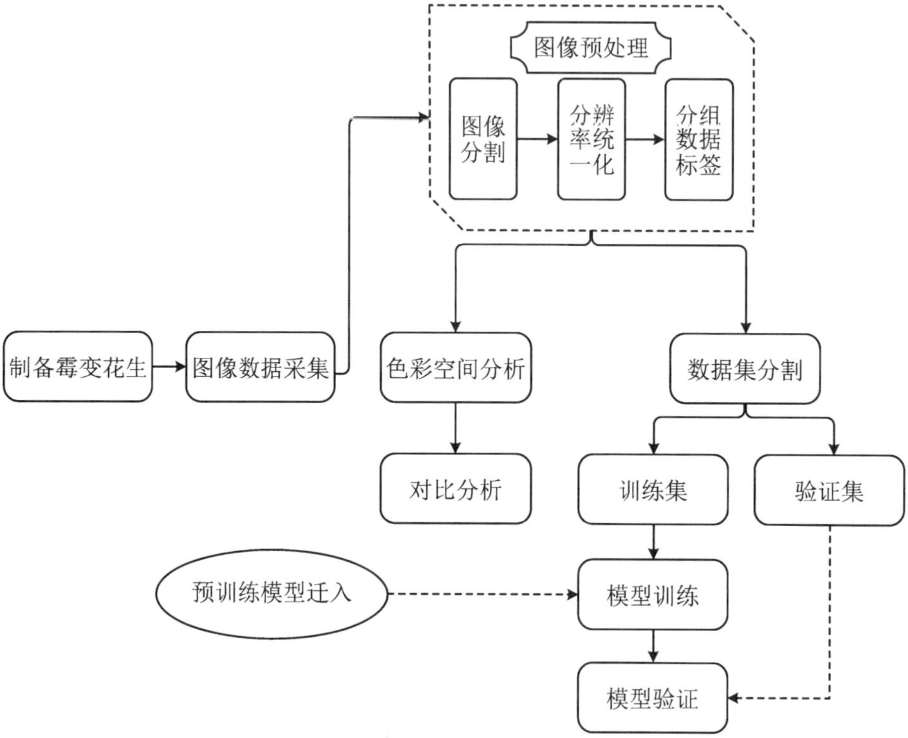


**图 5.1　第 5 章研究的技术路线图**

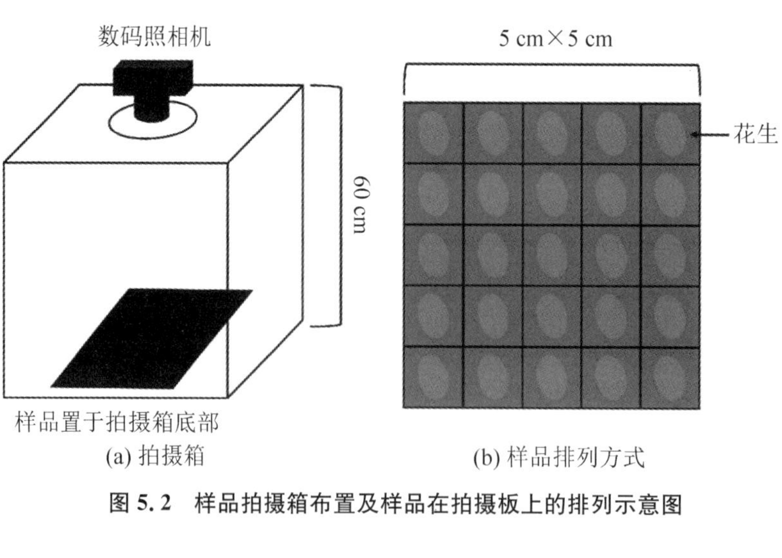


**图 5.2　样品拍摄箱布置及样品在拍摄板上的排列示意图**

### 5.1.2　图像的预处理

首先对图像数据进行人工标注，将图像中存在霉变区域的花生样品与无霉变区域样品分别进行数据标签标注。其次基于 GoogLeNet 模型的要求，根据每张图片的实际像素进行区域分割，如图 5.3 所示从每张图片中切割出 25 张图片并统一设置分辨率为 224 像素×224 像素，并且保证其中包括花生的图像，保存文件时将图像序号、数据标签标注于文件名中，便于后续划分训练集和测试集时选用。

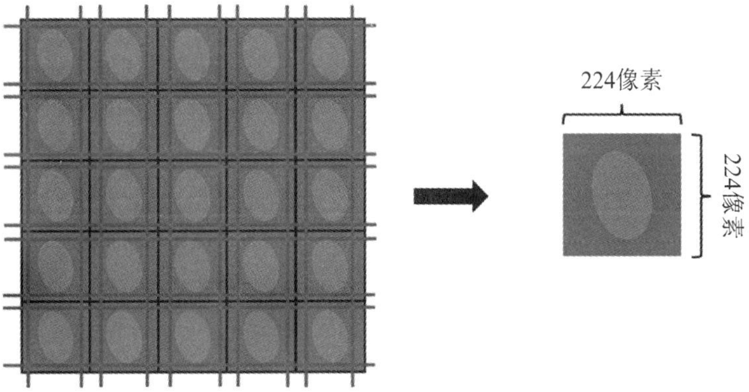


图 5.3　图像分割示意图

### 5.1.3　数据标签和数据集的筛选

在分割模型的训练集和验证集时，采用随机抽取的方式从总数据集中抽取，为了平衡各分类下的数据，采取分类抽取的方式，以保证每一分类下均抽取足量的数据用于模型的训练和验证。本节中训练集数据的抽取比例为 70%，剩余 30%的数据用于模型的验证。对图像进行数据标签标注时，霉变花生的数据标签为阳性（positive，P），而无霉变的正常花生的数据标签为阴性（negative，N）。经处理后，获得单籽粒图像共 7125 张，其中含有霉变区域的花生籽粒图像 668 张，占比为 9.38%。

## 5.2　图像色彩空间的转换及颜色变换的对比分析

### 5.2.1　图像色彩空间的转换和颜色分量的提取

本章拍摄、储存以及前处理过程中的所有图像均处于 RGB 色彩空间（RGB color space），将 RGB 图像转换至 HSV 色彩空间（HSV color space）、CIE Lab 色彩空间（CIE Lab color space），并分别提取 3 个色彩空间下共 9 种颜色分量。本节中拍摄后经图像分割获得的单颗花生籽粒图像具有拍摄板的黑色背景，可能对图像颜色分量提取造成影响，所以首先使用索贝尔算子(Sobel operator)对图像进行边缘检测,去除背景影响,算子包含两组 3×3 的矩阵,分别为横向及纵向,将之与图像作平面卷积,即可分别得出横向及纵向的亮度差分近似值。如果以 $P$ 代表原始图像,$G_x$ 及 $G_y$ 分别代表经横向及纵向边缘检测的图像,其公式如下:

$$G_x = \begin{bmatrix} -1 & 0 & +1 \\ -2 & 0 & +2 \\ -1 & 0 & +1 \end{bmatrix} * P \tag{5.1}$$

$$G_y = \begin{bmatrix} +1 & +2 & +1 \\ 0 & 0 & 0 \\ -1 & -2 & -1 \end{bmatrix} * P \tag{5.2}$$

则图像中每一个像素的横向及纵向梯度近似值 $G$ 和梯度方向 $\theta$ 的计算方式如下:

$$G = \sqrt{G_x^2 + G_y^2} \tag{5.3}$$

$$\theta = \arctan(G_y / G_x) \tag{5.4}$$

将原始 RGB 图像转换至 HSV 色彩空间的计算方式如下:

$$H = \begin{cases} \arccos\left\{\dfrac{(R-G)+(R-B)}{2\sqrt{(R-G)^2+(R-B)(G-B)}}\right\}, & B \leqslant G \quad (5.5) \\ 2\pi - \arccos\left\{\dfrac{(R-G)+(R-B)}{2\sqrt{(R-G)^2+(R-B)(G-B)}}\right\}, & B > G \quad (5.6) \end{cases}$$

$$S = \frac{\max(R,G,B) - \min(R,G,B)}{\max(R,G,B)}$$

$$V = \frac{\max(R,G,B)}{255} \tag{5.7}$$

式(5.5)至式(5.7)中的 $R$、$G$、$B$ 为 RGB 色彩空间下的颜色分量,$H$、$S$、$V$ 为 HSV 色彩空间下的颜色分量。将 RGB 转换至 CIE Lab 色彩空间时,需要首先将 RGB 转换至 XYZ 色彩空间,转换方式如下:

$$\begin{bmatrix} X \\ Y \\ Z \end{bmatrix} = \begin{bmatrix} 0.412453 & 0.357580 & 0.180423 \\ 0.212671 & 0.715160 & 0.072169 \\ 0.019334 & 0.119193 & 0.950227 \end{bmatrix} \times \begin{bmatrix} R \\ G \\ B \end{bmatrix} \tag{5.8}$$

然后再经一次转换变换为 CIE Lab 色彩空间:

$$L = \begin{cases} 116\,(Y/Y_0)^{1/3} - 16, & Y/Y_0 > 0.008856 \\ 903.3\,(Y/Y_0)^{1/3}, & Y/Y_0 \leqslant 0.008856 \end{cases} \tag{5.9}$$

$$a = 500 \times [f(X/X_0) - f(Y/Y_0)] \tag{5.10}$$

$$b = 200 \times [f(Y/Y_0) - f(Z/Z_0)] \tag{5.11}$$

$$f(t) = \begin{cases} t^{1/3}, & t > 0.008856 \\ 7.787t + 16/116, & t \leqslant 0.008856 \end{cases} \tag{5.12}$$

式(5.8)至式(5.12)中的 $L$、$a$、$b$ 分别为 CIE Lab 色彩空间的颜色分量,其中 $X_0 = 0.950456$、$Y_0 = 1$、$Z_0 = 1.088754$ 为用于将 XYZ 色彩空间对应至色温 6500 K 下的对应数值。按上述方法对图像进行相应的色彩空间转换后,分别对每张图像各色彩空间下的每个颜色分量进行提取和记录,计算每张图像中各颜色分量的算术平均值。

### 5.2.2　霉变花生籽粒图像的色彩空间转换和颜色分量对比

本节中拍摄的图像使用黑色底板作为拍摄背景，虽然在图像直接观察时可以有效避免背景干扰，突出样品主体图像，但仍不可避免地在灯光照射下产生光线反射等情况，且在图像中背景所占区域明显多于花生样品的主体。因此为了避免背景颜色在提取颜色分量时产生干扰，首先使用一种线性滤波器 Sobel 算子对图像进行边缘检测，提取图像中花生样品的图像部分，全部处理过程使用 MATLAB 编程算法完成。图像在边缘提取前后的变化如图 5.4 所示，获取颜色分量信息时只提取图像中花生的主体部分即可。

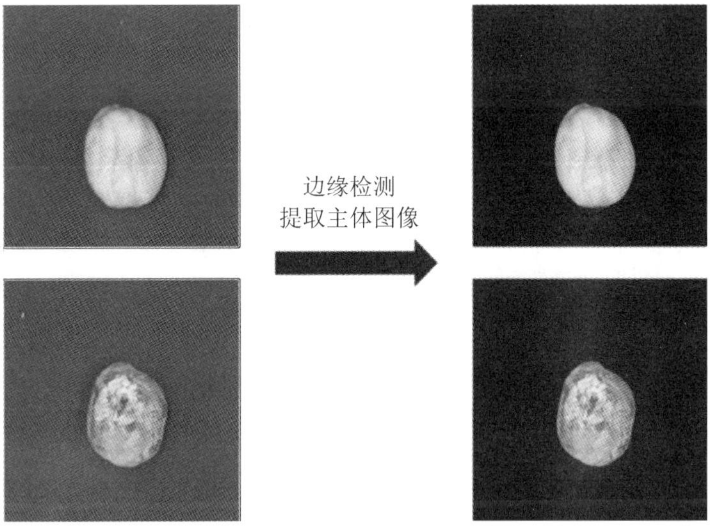


(a) 原始图像　　(b) 经边缘检测提取的花生图像区域

**图 5.4　图像在边缘提取前后的变化**

**1. RGB 色彩空间下的颜色分量对比**

RGB 色彩空间是通过对红($R$)、绿($G$)、蓝($B$)3 个颜色通道的变化以及 3 种颜色的叠加产生多种颜色，$R$、$G$、$B$ 各有 256 级亮度，其取值范围为[0,255]。目前多数相机、显示设备中的图像均以 RGB 色彩空间的形式存储于图像文件中，因此直接采用 RGB 色彩空间进行图像数据处理是最为便捷的方法。本节中获取的所有花生籽粒图像在储藏期间随着储藏时间变化，其 RGB 色彩空间下各颜色分量的变化趋势如图 5.5 所示。在储藏期间各组样品的 $R$、$G$、$B$ 颜色分量无明显改变，基本保持在同一水平。

根据样品分组和花生籽粒的霉变情况将图像分为 3 组，即对照组所有花生图像、污染组中无霉变区域的花生图像和污染组中观察到霉变区域的花生图像。3 组图像的 $R$、$G$、$B$ 颜色分量的对比图如图 5.6 所示，对照组图像在 $R$、$G$、$B$ 颜色分量上均高于污染组的样品($p<0.05$)，而在 $B$ 颜色分量方面，对照组高于污染组中无霉变的样品，污染组中存在霉变区域的样品最低，且均有显著性差异($p<0.05$)。但是上述所有差异均较小，如污染组中霉变和无霉变的花生在 $B$ 颜色分量上的差异仅为 2.64%，且由于花生各籽粒间本就存在少许颜色差异，以及如图 5.6 所示在储藏开始阶段对照组的各颜色分量已经高于污染组的样品。因此，上述对比呈现出差异有可能是因为花生本身的批次差异和图像拍摄过程中曝光、对焦等因

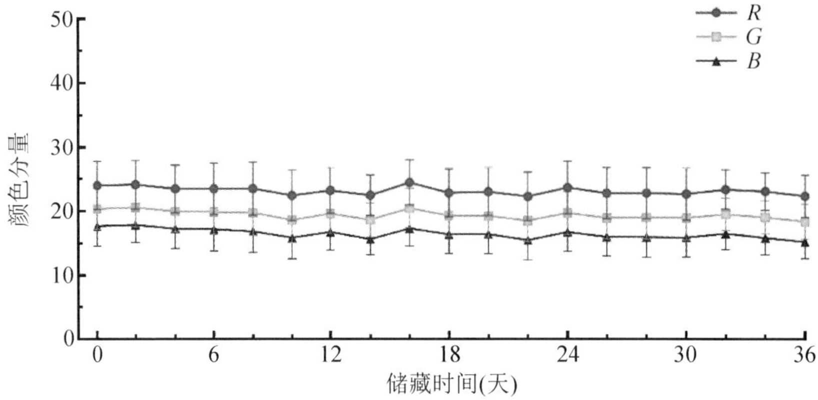

(a) 对照组

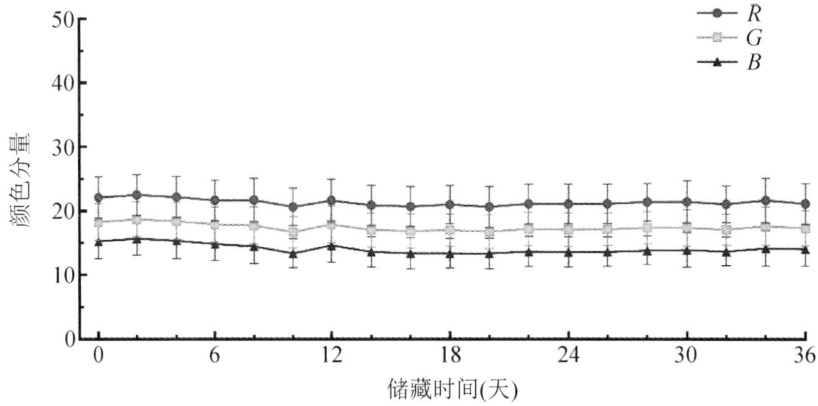

(b) 污染组

**图 5.5　RGB 色彩空间下储藏期间花生籽粒各颜色分量的变化**

素产生的误差，虽然在统计学上显示出显著性差异，但差异水平较小，还不能作为直接判断霉变的依据。

在上述基础上，我们单独提取霉变花生的图像数据，对比了霉变出现到霉变加重直至储藏结束的过程中，霉变区域变化对图像中各颜色分量的影响(图 5.7)。由图中的结果可见，各颜色分量出现小幅度波动，但并未呈现出其随着储藏时间也就是霉变加重过程一同变化的趋势。这样的结果可能是由于霉变区域总体上在花生表面区域中占比并不高，部分区域内的颜色变化在整体图像的数据上不能体现出来。

**2. HSV 色彩空间下的颜色分量的对比**

RGB 色彩空间的优点在于其易于理解、便于各类显示设备的实现，但也存在色彩难以精确表示、受亮度影响明显、人眼对 3 种颜色分量敏感度不同的缺点。因此，我们将色彩空间转换为 HSV 后，提取其中的颜色分量信息，HSV 色彩空间包含 3 种属性，即色调(hue，$H$)、饱和度(saturation，$S$)和亮度(value，$V$)。色调指色彩的相貌和特征，在波形图中一个特定波长就对应一个色调；饱和度指色彩鲜艳程度，呈现一种从灰度到纯色的变化；亮度特指被白光稀释的浓度，任何颜色的高亮都趋于白色。在 MATLAB 程序中，$H$ 分量的取值范围为[0,1)，对应 0°～360°(其中 360°无法取值)，$S$ 分量的取值范围为[0,1.0]，$V$ 分量的取值范围为[0,1.0]，对应颜色从黑色到白色的变化。在 HSV 色彩空间下花生样品的颜色分量对比中，图像数据的分组对比方式与前文中所述一致，在储藏期间，HSV 色彩空间下各颜

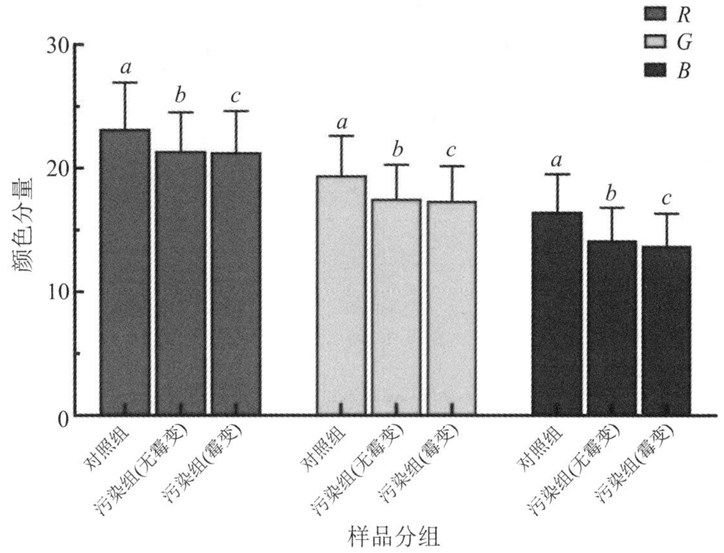


**图 5.6 RGB 色彩空间下不同状态的花生样品颜色分量对比 ($p<0.05$)**

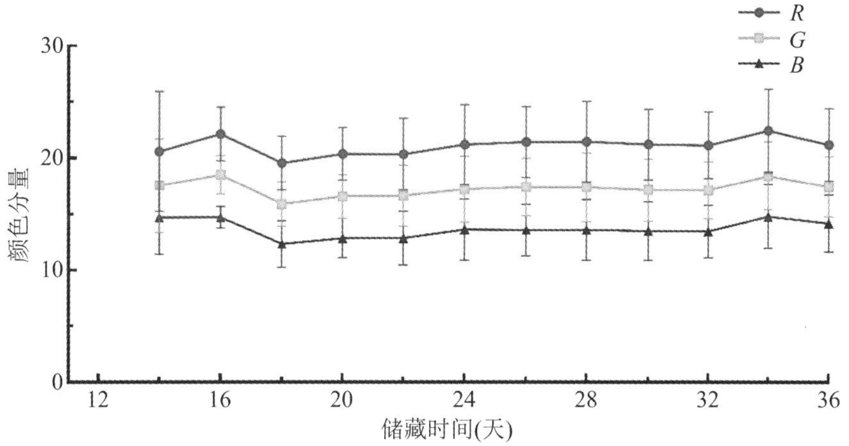


**图 5.7 RGB 色彩空间下霉变区域变化对颜色分量的影响**

色分量的变化趋势如图 5.8 所示。其中,对照组样品图像的 3 种分量变化程度很小,只在小范围内轻微波动,其中 $H$ 分量随着储藏时间的延长略有下降,但统计学分析显示并无显著性差异($p>0.05$),而污染组样品的 $S$、$V$ 分量也保持稳定,仅有小幅度波动,$H$ 分量随储藏时间延长呈现逐渐下降的趋势,由于单次取样的样品量较多数据误差较大,统计学上未呈现显著性差异($p>0.05$)。以上结果说明,在花生储藏过程中,随着储藏时间增加,HSV 空间下的 $H$ 分量可能出现逐渐下降的趋势,但还应结合其他分组对比的结果具体分析。

图 5.9 中的对比结果显示,对照组在 3 个分量上与污染组中无霉变和有霉变的样品均存在显著性差异($p<0.05$),但是基于此前 RGB 色彩空间中相关分析的情况推测,此种结果应该只是由花生样品的批次误差、拍摄过程环境因素等造成的。而在污染组中有无霉变区域的花生样品对比结果显示,$V$ 分量上霉变没有产生显著性差异($p>0.05$),而在 $H$、$S$ 分量上均呈现显著性差异($p<0.05$),其中霉变花生样品 $H$ 分量与无霉变区域的样品相比有所

下降，下降幅度为 20.35%，而 $S$ 分量则呈现升高的情况，但与 $H$ 分量相比变化幅度较小仅为 6.89%，以上情况可能与霉变后花生呈现颜色变浅、出现灰白色区域等现象有关。

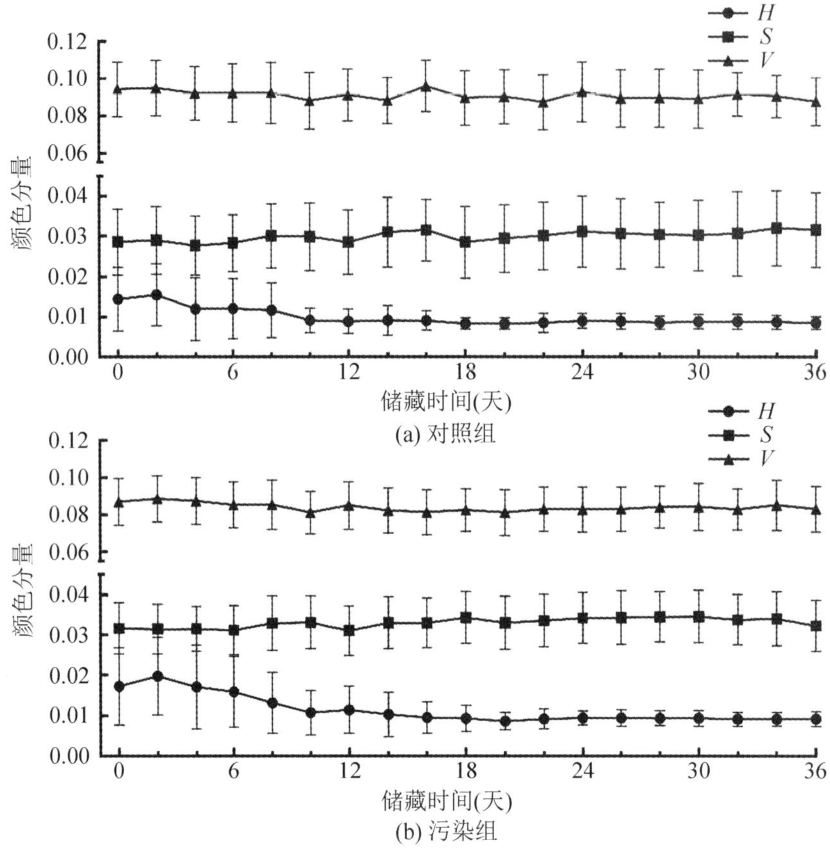


**图 5.8　HSV 色彩空间下储藏期间花生籽粒各颜色分量的变化**

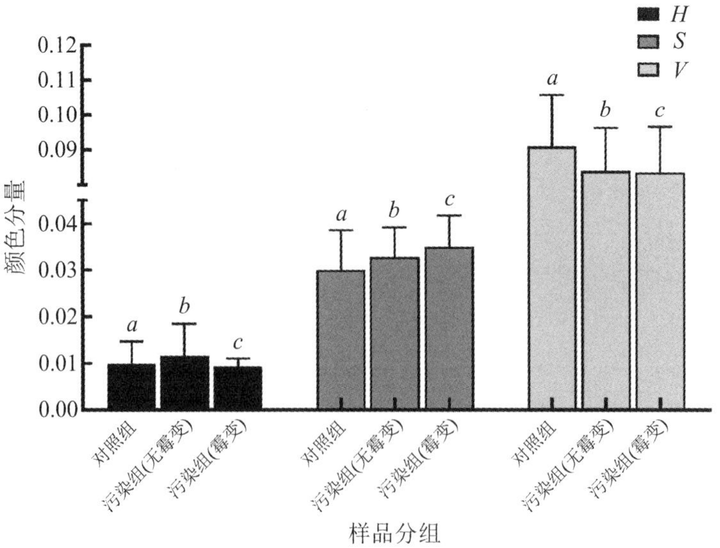


**图 5.9　HSV 色彩空间下不同状态的花生样品颜色分量对比**（$p<0.05$）

霉变花生在霉变程度加重的过程中，$V$ 分量保持稳定，仅有小幅度波动，而 $H$、$S$ 分量的变化趋势与前述结果相似，随着储藏时间的延长，$S$ 分量出现小幅度上升的趋势，但仅在 26～32 天与 14 天开始出现少量霉变时相比有显著性差异（$p<0.05$），$H$ 分量呈缓慢下降的趋势，但也仅在 20 天、24 天和 28～36 天时与 14 天相比有显著性差异（$p<0.05$）。储藏结束时，样品 $H$ 分量与霉变早期（14 天）相比下降 25.14%，$S$ 分量则上升了 16.30%（图 5.10）。上述对于各组图像在 HSV 色彩空间下颜色分量对比分析的结果显示，$H$、$S$ 分量与花生霉变存在一定的关联性，变化趋势也与图像中霉变区域的变化情况一致，但是由于我们是从花生整体图像中提取全部色彩信息进行对比，因此小部分霉变区域的色彩变化可能对整体数据影响较小，各分量的变化幅度也不大。若要以 HSV 空间下颜色分量变化作为特征识别霉变的花生籽粒，可能还需要对图像进行进一步分割，提取出霉变区域的相关信息进行比对处理。

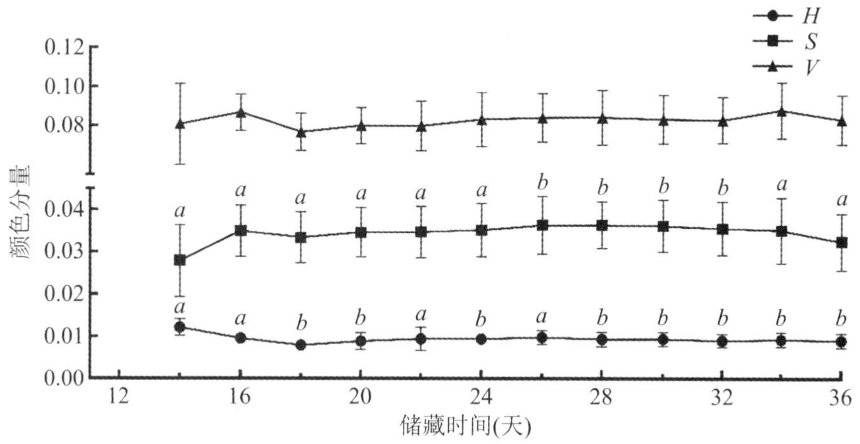


**图 5.10　HSV 色彩空间下霉变区域变化对颜色分量的影响（$p<0.05$）**

### 3. CIE Lab 色彩空间下的颜色分量的对比

CIE Lab（以下简称 Lab）是由国际照明委员会（International Commission on Illumination，CIE）制定的一种色彩模式。Lab 色彩空间包含 3 个颜色分量 $L$、$a$ 和 $b$，其中 $L$ 分量代表亮度，取值范围为[0，100]，表示颜色从纯黑到纯白，$a$、$b$ 分量代表色度，反映了颜色的色调和饱和度，$a$、$b$ 分量的取值范围都是[−128，127]，$a$ 分量的取值由低到高反映了颜色由绿色至红色的变化，而 $b$ 分量的取值由低到高反映了颜色由蓝色至黄色的变化。Lab 色彩空间的优势是独立于显示设备，不受外源光照的影响，适合不同设备之间的颜色信息交流，以数字化的方式描述人的视觉感应，弥补了 RGB 和 CMYK 色彩空间依赖于设备色彩特性的不足之处。将原始图像转换至 Lab 色彩空间后进行颜色分量的对比，图像数据的分组对比方式与前述内容一致，在储藏期间 Lab 色彩空间下各颜色分量的变化趋势如图 5.11 所示。其中，对照组和污染组图像中 3 个颜色分量 $L$、$a$、$b$ 均保持稳定，仅在小范围内波动，且无显著性差异（$p>0.05$），可认为小范围的波动仅是样品自身颜色微小差异或是拍摄时照明环境的微小变化引起的误差。

图 5.12 显示了对照组、污染组中有霉变区域和无霉变区域的花生样品，在 Lab 色彩空间下 3 个颜色分量的对比情况。结果显示，对照组与污染组的花生在 $L$ 分量上均有显著性差异（$p<0.05$），而污染组不同状态的样品间在 $L$ 分量上没有显著性差异（$p>0.05$），结合

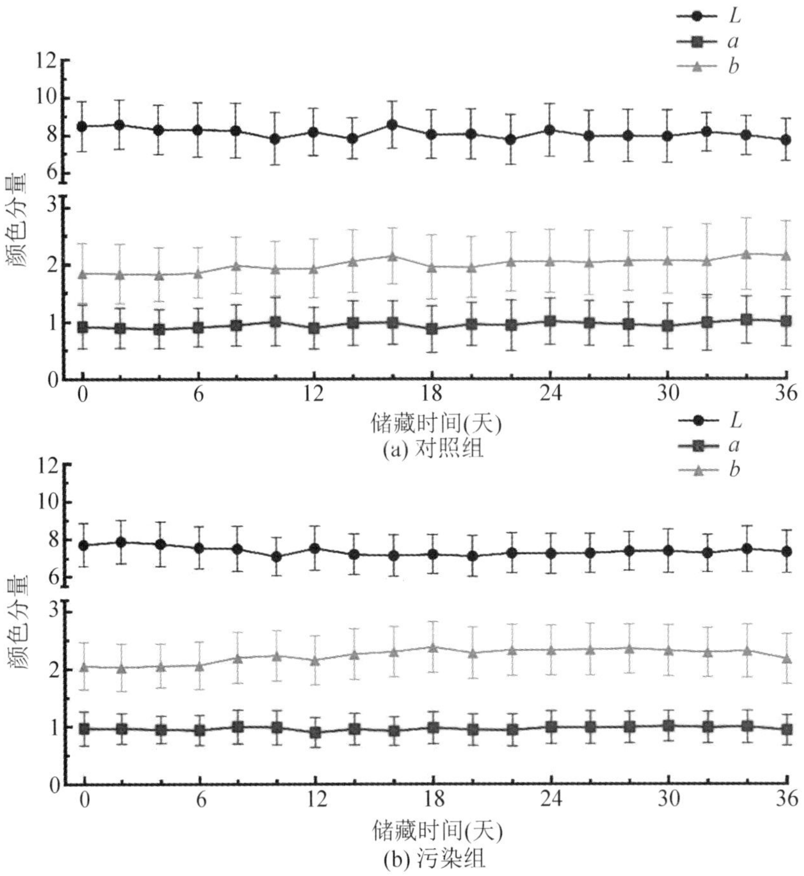


**图 5.11　Lab 色彩空间下储藏期间花生籽粒各颜色分量的变化**

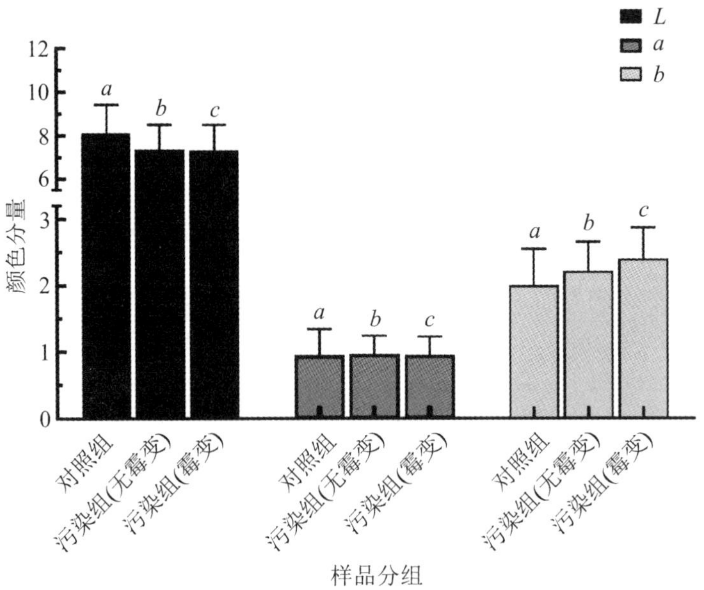


**图 5.12　Lab 色彩空间下不同状态的花生样品颜色分量对比($p<0.05$)**

前述相关对比结果可知，$L$ 分量上的差异很有可能是两组样品原本的颜色差异造成的，与霉变过程不相关。而在 $a$ 分量上，所有样品间均无显著性差异（$p>0.05$），可能与样品在绿色至红色的颜色范围内没有发生明显变化有关，因此也不能作为判断花生霉变的依据。而在 $b$ 颜色分量上，对照组可能由于样品差异呈现一定的显著性差异（$p<0.05$），但污染组中无霉变样品与有霉变样品相比也呈现了显著性差异（$p<0.05$），变化趋势为霉变样品在 $b$ 分量取值上更高，但变化幅度不大，仅为 8.24%。该部分对比结果表明，在 Lab 色彩空间下，颜色分量 $b$ 的变化可能与花生霉变情况有关，且随着霉变程度加重，$b$ 分量的取值升高。

霉变花生在储藏时间不断加长和霉变加重的过程中，Lab 色彩空间下各颜色分量的变化情况如图 5.13 所示。图中显示的 3 种颜色分量的变化情况与图 5.12 中的对比结果基本一致，霉变程度的变化对颜色分量 $L$ 和 $a$ 没有影响，随着储藏时间的变化，这 2 个颜色分量保持稳定，仅在小范围内波动，表明与霉变没有相关性。而 $b$ 分量的变化趋势也与前述结果基本一致，随着储藏时间变化和霉变加重，$b$ 分量逐渐升高，与霉变出现的 14 天相比，18～36 天的取样结果均显示出显著性差异（$p<0.05$）。与前文中的结果相比，图像中与霉变有关的颜色分量的变化幅度更大，储藏结束时 $b$ 分量与霉变早期（14 天）相比，上升幅度为33.12%。但是，若要深入研究图像在 Lab 空间下颜色分量的变化情况，有必要再次从花生主体图像中分割出霉变区域再进行分析和对比，但此种情况下图像预处理部分的工作量将大幅上升，且不能有效利用 MATLAB 编程的方法进行自动化处理，对人工处理的需求也增加。

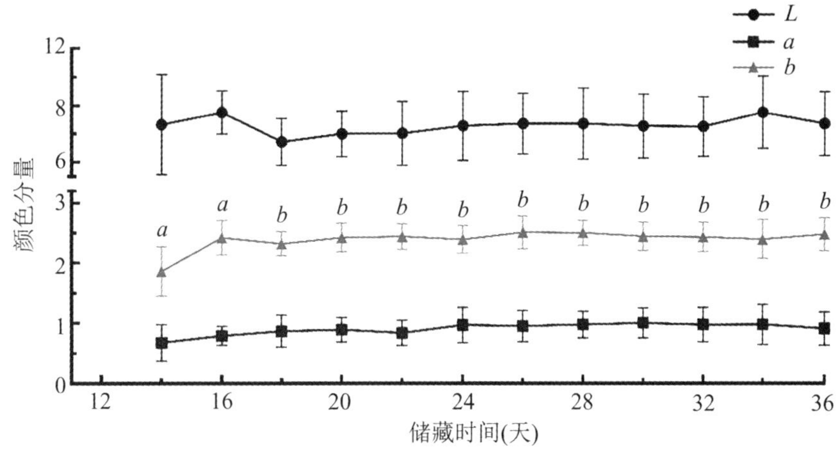


**图 5.13　Lab 色彩空间下霉变区域变化对颜色分量的影响（$p<0.05$）**

# 5.3　CNN 预训练模型的迁移学习与验证

## 5.3.1　迁移模型的结构和训练

GoogLeNet 深度学习网络模型主要由 9 个模块化结构 Inception 深度串联而成，Inception 结构可以有效利用计算机资源，在相同的计算量下可以提取更多的特征参数，Inception

结构如图 5.14 所示。[5] Inception 结构有 1×1、3×3 和 5×5 多种尺度的卷积核和 3×3 的池化层，作用是在图像识别过程中无论目标物体占多大面积都能被合适的卷积核捕捉到该目标的特性，同时池化层与卷积层的并行运算可以在扩充通道的同时，保证运算的效率。[6] Inception 结构是一种高效表达特征的稀疏性结构，基于底层的相关性高的单元，通常会聚集在图像的局部区域，这就相当于在单个局部区域去学习它的特征，然后在高层用卷积代替这个区域，当某些相关性可能间隔较远时，则可通过使用大的卷积核来学习。[7]

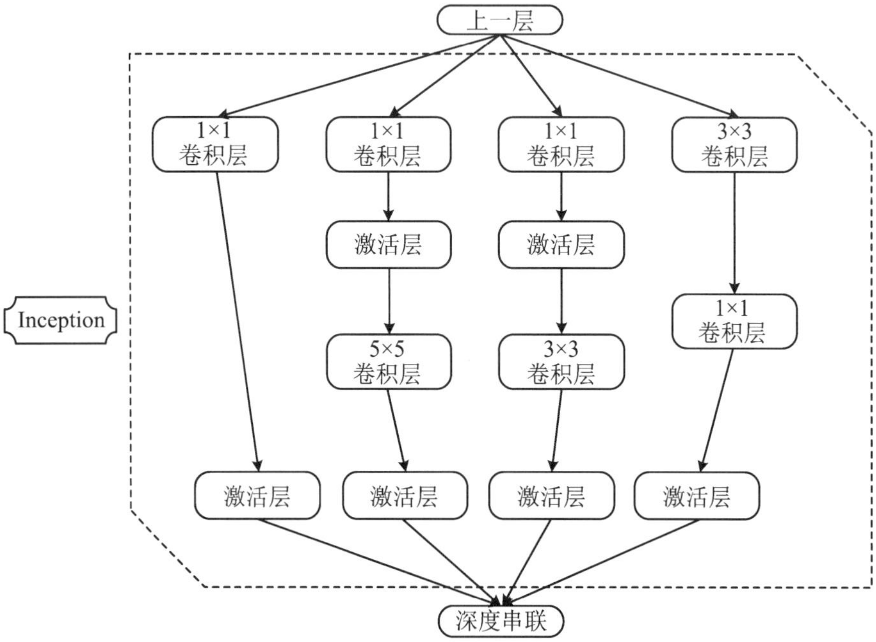


**图 5.14　Inception 结构图**

在输入层和第一个 Inception 结构之间有 3 个卷积层、3 个激活层、2 个最大池化层和 2 个跨通道归一化层，Inception 结构中对输入数据进行 4 种不同的处理，利用 4 种卷积核对数据进行组合卷积连接，所有 Inception 之后是全局平均池化层、随机失活（dropout）层、全连接层、分类函数（softmax）层和分类输出层，GoogLeNet 的全部网络结构如图 5.15 所示。[8] softmax 层用于计算图像属于各个种类的概率值，将概率值最大的类别作为预测类别输出，输出层通过交叉熵损失函数计算误差，查看实际输出与期望输出的差距有多大，同时也会在反向传播的过程中对各层参数进行更新优化，交叉熵损失函数（cross-entropy loss function）如下：

$$L(\boldsymbol{W},\boldsymbol{b})=-\frac{1}{N}\sum_{i=1}^{N}\sum_{j=1}^{K}x_{ij}\ln y_{ij} \tag{5.13}$$

式中，$\boldsymbol{W}$ 为权重矩阵，$\boldsymbol{b}$ 为偏置向量，$N$ 为样品数量，$K$ 为分类数量，$x_{ij}$ 为第 $i$ 个样品属于类别 $j$ 的概率，而 $y_{ij}$ 则指类别 $j$ 中第 $i$ 个样品的输出概率。

GoogLeNet 作为 CNN 的经典网络，其通过引用 Inception 结构可以在增加网络深度和宽度的同时减少参数，其网络配置见表 5.1。为有效使用 GoogLeNet 网络，我们将所有图像的分辨率均调整为 224 像素×224 像素。原有 GoogLeNet 网络的最后 3 层被配置为识别近千个类别，而我们将其用于识别花生是否存在霉变，即识别 2 个类别（二分类），因此对原有模型中最后 3 层中的相关节点进行修改，其余网络结构保持不变作为迁移学习模式下的 GoogLeNet 网络构架的基础。

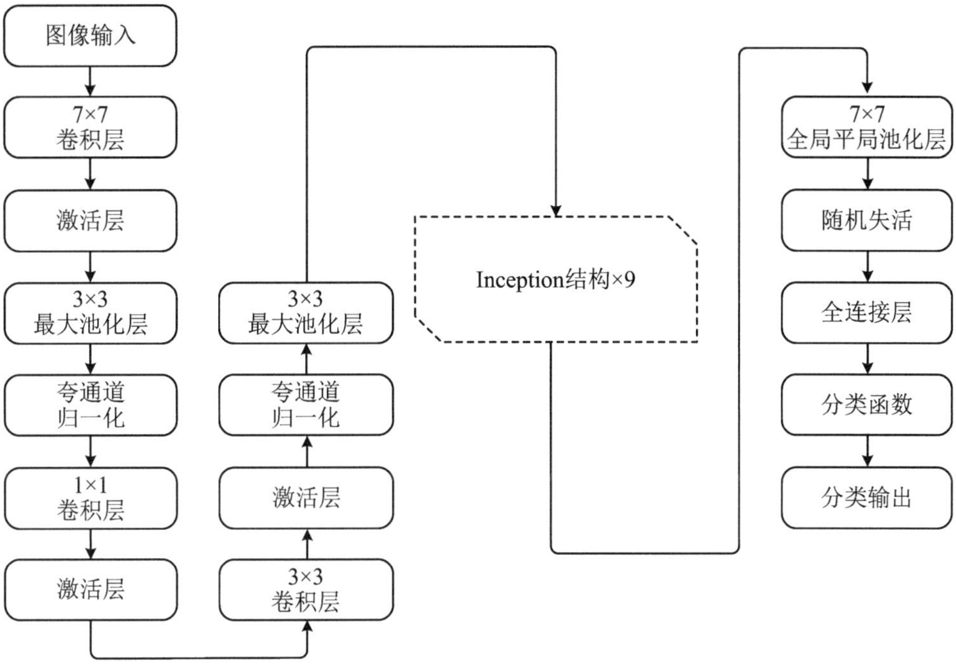


**图 5.15　GoogLeNet 的网络结构**

**表 5.1　GoogLeNet 的网络配置表**

| 类　　别 | 核函数 | 步长 | 输　　出 |
|---|---|---|---|
| 卷积 | 7×7 | 2 | 112×112×64 |
| 最大池化 | 3×3 | 2 | 56×56×64 |
| 卷积 | 3×3 | 1 | 56×56×192 |
| 最大池化 | 3×3 | 2 | 28×28×192 |
| Inception(3-a) | | | 28×28×256 |
| Inception(3-b) | | | 28×28×480 |
| 最大池化 | 3×3 | 2 | 14×14×480 |
| Inception(4-a) | | | 14×14×512 |
| Inception(4-b) | | | 14×14×512 |
| Inception(4-c) | | | 14×14×512 |
| Inception(4-d) | | | 14×14×528 |
| Inception(4-e) | | | 14×14×832 |
| 最大池化 | 3×3 | 2 | 7×7×832 |
| Inception(5-a) | | | 7×7×832 |
| Inception(5-b) | | | 7×7×1024 |
| 平均池化 | 7×7 | 1 | 1×1×1024 |
| Dropout (40%) | | | 1×1×1024 |

在 CNN 迁移模型训练时，合适的超参数决定训练的效率和模型的准确性，超参数往往需要反复地调试才能完成合理的设置。本模型经过多次训练调试后，超参数设置如下：优化器为随机梯度下降与动量（stochastic gradient descent with momentum，SGDM）优化器；最大训练轮次（max epochs）为 20 轮；批处理样品量（batch size）为 100；初始学习率（initial learn rate）为 0.0001，不进行学习率周期衰减；混洗（shuffle）设为每轮（every-epoch）训练进行 1 次，即每个训练轮次开始之前打乱数据顺序，在每次验证之前也打乱验证数据顺序；验证频率（validation frequency）值是验证评估之间的迭代次数，设为 3，即每 3 次验证一次；验证数据（validation data）指定为预先划分的验证数据集与 imdsValidation，数据集占 70%用于模型训练，imdsValidation 占 30%用于验证；执行环境使用 GPU 进行训练。此外，由于在我们采集到的图像数据中，无霉变的正常花生籽粒数量远多于霉变花生籽粒，因此在训练过程中，采用随机仿射几何变换（random affine transformation）的方法对训练集中霉变花生的图像进行数据增强，以提高模型学习的效果。

### 5.3.2 模型的验证方法

模型验证时将验证数据集输入模型，根据模型输出结果的准确率（accuracy）和查全率（recall）评价模型的分类识别性能，并按照真实分类和预测分类绘制混淆矩阵（confusion matrix）呈现模型的验证结果。其中，准确率是指模型识别正确的结果占全部用于识别的验证集图像的比例，其计算方法如下：

$$\mathrm{Accuracy}=\left(\frac{\mathrm{TP}+\mathrm{TN}}{\mathrm{TP}+\mathrm{TN}+\mathrm{FP}+\mathrm{FN}}\right)\times 100\% \tag{5.14}$$

式中，TP（true-positive）指被正确识别为霉变花生的霉变花生图像，TN（true-negative）指被正确识别为正常花生的无霉变花生，FP（false-positive）指正常花生被错误识别为霉变花生的图像，FN（false-negtive）指霉变花生被错误识别为正常花生的图像。混淆矩阵的表示形式见表 5.2，其中模型对各分类样品识别正确的比例以查全率表示，计算公式如下：

$$\mathrm{Recall}_{(\mathrm{P})}=\left(\frac{\mathrm{TP}}{\mathrm{TP}+\mathrm{FN}}\right)\times 100\% \tag{5.15}$$

$$\mathrm{Recall}_{(\mathrm{N})}=\left(\frac{\mathrm{TN}}{\mathrm{TN}+\mathrm{FP}}\right)\times 100\% \tag{5.16}$$

式中，$\mathrm{Recall}_{(\mathrm{P})}$ 指模型识别霉变花生时的查全率，$\mathrm{Recall}_{(\mathrm{N})}$ 指识别正常花生时的查全率。在评价模型时，除了模型准确率尽量高之外，首先需要保证的是霉变花生识别时的查全率，因为将霉变花生识别为正常花生，可能会在样品后续储藏过程中继续产生食品安全风险，而将少量正常花生识别为霉变花生的情况，错误识别的成本更低。

**表 5.2 混淆矩阵的表示形式**

| | | 真实结果 | |
|---|---|---|---|
| | | P | N |
| 预测结果 | P | TP | FP |
| | N | FN | TN |

### 5.3.3 迁移模型的训练结果

传统的图像分类识别算法需要人工设计的特征提取方法,人工图像分割进行特征区域、特征信息的提取,工作量过大。因此我们利用 CNN 直接以图片输入,其具有多层网络结构自动提取图像特征、减少工作量、提高算法运行效率的优势,可将我们获取的图像数据直接输入进行特征提取,以达到识别霉变花生籽粒的功能。采用预训练 CNN 模型 GoogLeNet 进行迁移学习,GoogLeNet 中的 Inception 结构主要通过寻找最佳稀疏结构,利用不同卷积核的卷积运算提取图像中不同种类的特征信息。其中 1×1 和 3×3 卷积核用于提取图像局部特征,而 5×5 用于提取图像中存在的趋势特征,使用 1×1 卷积核运算对图像进行降维处理,最终将各个支链提取的特征进行融合,以提高模型的准确率。通过不断训练和调整,最终 CNN 迁移模型在进行迁移学习时的相关超参数设定同前文,超参数的设定主要综合了计算机平台的性能、模型训练的效率、损失函数和准确率变化情况而进行调整和确定的。模型训练完成后,考虑到总数据集中霉变花生(P 组)的图像数据仅占 9.38%,在 2 个分类的识别模式下属于明显的分类不平衡情况,因此考虑对霉变花生的图像进行数据增强处理,以额外增加 P 组样品的图像数据,从而提高模型泛化能力和鲁棒性。如表 5.3 所示,在设置数据增强后,在模型对训练集数据识别准确率变化不大的情况下(分别为 95.09%和 95.65%),模型对 P 组样品的识别查全率有了大幅度上升,从 51.5%提升至 61%,对 N 组样品的查全率略有下降,但下降幅度很小(99.59%降至 99.23%),且由于霉变样品的危害性更高,将少量 N 组样品(15/1937)错判的成本较低,处于可接受的范围内。

**表 5.3　数据增强对模型准确率和查全率的影响**

| | | 真实结果 | | | |
|---|---|---|---|---|---|
| | | 无数据增强 | | 数据增强 | |
| | | P | N | P | N |
| 预测结果 | P | 103 | 8 | 122 | 15 |
| | N | 97 | 1929 | 78 | 1922 |
| 查全率 | | 51.5% | 99.59% | 61% | 99.23% |
| 准确率 | | 95.09% | | 95.65% | |

模型训练完成后,使用验证数据集对模型进行验证,以评价模型在识别霉变花生籽粒时的性能(表 5.4)。模型的验证结果显示,对所有验证数据集图像的识别准确率为89.38%,与前文中训练数据集的识别准确率相比略有降低,但是对 P 组霉变花生图像的查全率更高,达到 72%。模型准确率略有下降的主要原因是,对 N 组无霉变花生图像的查全率有所下降,但是综合验证结果进行分析,可知模型对于重要分类 P 组的查全率提高,使得经模型识别、筛选后样品中存在的霉变花生更少,则后续产生的 AFT 污染水平也会更低,而少量 N 组样品的误判成本较低,不会产生后续的食品安全隐患。

**表 5.4　模型的验证结果**

| | | 真实结果 | |
|---|---|---|---|
| | | P | N |
| 预测结果 | P | 144 | 171 |
| | N | 56 | 1766 |
| 查全率 | | 72% | 91.17% |
| 准确率 | | 89.38% | |

## 5.4　结果分析与讨论

近年来，基于图像处理技术的作物研究取得了一定进展，并已广泛应用于水稻、小麦、大豆等多种作物，将图像处理技术应用于花生识别，可以有效提高工作效率和准确率。[9] 文献报道的相关研究有，通过提取花生图像的形态、纹理、颜色外观 3 类共 54 个特征，利用主成分分析进行特征优化，并利用神经网络和支持向量机对花生质量进行识别，最终能够识别出 95%以上的不完美、霉变、具有杂质、不同品种的花生籽粒[10]；采用 Fisher 判别、支持向量机分类和 $K$ 均值聚类分析，从花生荚果中提取 5 类 37 个特征，在支持向量机模型中的识别准确率达到 92.5%，证明了图像处理技术应用于花生荚果品种识别的可行性[11]；利用高光谱成像获得正常花生和霉变花生两种图像，并利用支持向量机、偏最小二乘判别分析等进行分类，以 97.66%的准确率实现花生霉变预测与识别。[12]

对于花生等农产品，通过计算机视觉技术提出识别方法时，通常以外观尺寸、颜色、纹理等作为特征，结合机器学习或深度学习方法建立识别模型。其中，花生籽粒个体间在尺寸分布上较为随机，与霉变、破损等情况的关联性并不高，多用于产品品质、等级方面的分选和识别。花生表面的颜色与霉变、破损等情况的关联性较高，目前基于颜色特征对花生进行分类识别的研究比较多。我们在获得花生样品的图像并进行必要的图像分割等预处理后，通过色彩空间转换的方式，获得了图像在 RGB、HSV 和 Lab 色彩空间下的色彩信息，经提取颜色分量并计算均值后，将不同状态下的花生图像的色彩变化进行了对比。对比的结果显示，霉变花生样品图像在 RGB 色彩空间下的 $B$ 分量、HSV 色彩空间下的 $H$ 和 $S$ 分量以及 Lab 色彩空间下的 $b$ 分量上均发生了变化。但是，无论是花生储藏期间颜色的变化，还是对照组与污染组霉变、无霉变花生的颜色对比，以及霉变花生在霉变程度加重的过程中，上述存在变化的颜色分量在变化程度上都比较小、在计算结果中方差比较大。此外，色彩的对比分析显示，不同批次、分组间样品的自身原有色彩差异也比较明显。这些情况都表明，仅通过颜色变化进行霉变情况的判定和样品的识别存在难度，以此为特征建立的模型可能存在泛化能力差、识别错误率高的问题。出现此种结果的原因可能是，花生仁与表皮之间的颜色差异比较明显，因此通过颜色特征可以有效区分洁净完好与脏污破损严重的花生，而多数研究中关注的霉变花生，其霉变区域的颜色特征与完好花生表面的部分颜色特征存在交集，并且在霉变早期阶段，霉变区域在花生表面所占的区域还比较小，仅通过颜色特征进行分类识别容易出现错判的情况。[13]若要解决此类问题，可以对图像作进一步处理和特征提取，如霉变花生表面虽然颜色变化差异不大，但与花生原有的光滑表面相比，霉变后表面出现皱褶可以结合纹理特征进行有效区分，或者对花生主体图像进行进一步分割，区分出完好区域和霉变区域后再进行色彩的分析和颜色特征的提取。[14-15]

我们在图像采集时，定期从储藏的花生样品中随机取样进行图像的拍摄，而非如文献报道的相关研究所述，对固定样品进行定期图像采集。因此，图像数据中花生籽粒的尺寸大小、原有颜色特征和发生霉变区域等方面存在很大的随机性，这样的图像数据虽然更符合霉变花生籽粒筛选时的实际情况，但也给特征提取带来了挑战。传统模式的识别模型，需要人工定义各类特征，存在主观判断、耗费人力等问题，虽然建立的模型对特定样品的识别准确率很高，但也可能造成遗漏部分特征信息、模型实用性差的问题。此外，传统的特征提取结合分类器的方法需要对每一类样品进行大量的特征标注，每当增加新的识别类型时，就要重新进行特征提取工作，工作量很大且模型泛化能力不足。基于上述原因，我们基于 CNN 提出一种霉变花生籽粒的识别方法，解决特征提取困难、工作耗时费力的问题，用于在大量、随机花生样品中准确识别霉变籽粒，在 AFT 污染发生早期去除部分高危害污染源，提高产品的安全性，并帮助解决人工检测过程中人员疲劳、主观经验限制等问题。CNN 是一种深度学习网络，可从一组用于分别与识别的原始输入数据中提取重要特征，其运作主要基于卷积层和池化层，卷积层主要对输入数据进行滤波操作，在对输入数据进行重复卷积滤波处理后，形成特征映射，而池化层则是对特征相关像素进行特征图的降维。[16]CNN 能够不依赖特定的特征，在图像识别领域广泛应用，其中，与食品、农产品的质量安全相关的研究有，基于 CNN 的便携式计算机视觉系统用于小龙虾新鲜度评估方法，使用便携式显微镜收集不同新鲜度的小龙虾的显微图像，构建 CNN 进行优化，从显微图像中提取特征，经网络优化后小龙虾新鲜度的预测准确率可达 86.5%[17]；使用 CNN 和区域 CNN(region-CNN，R-CNN)对在泰国发现的 5 种常见的有毒和可食用的蘑菇进行分类，并比较了 AlexNet、ResNet-50 和 GoogLeNet(3 种预训练模型)的测试时间和准确率，研究发现，所提出的模型减少了训练和测试所需的时间并保持了较高的准确性，在使用 CNN 和 R-CNN 进行蘑菇的分类时，模型的准确率分别达到 98.5%和 95.5%[18]；利用分割图像对 8 种 CNN 进行研究和比较，并与其他简单的 CNN 进行性能比较，使用有限数量的训练图像，CNN 能够以 0.99 的整体像素精度分割火腿中的肌内脂肪区域，查全率和准确率分别达到 0.82 和 0.84。[19]

我们在进行模型训练时，利用基于 CNN 的预训练模型 GoogLeNet 进行迁移学习，以进行霉变花生图像中特征的提取和在大量花生籽粒图像中准确识别霉变籽粒，以防控花生中的 AFT 污染问题。迁移学习是一种新的机器学习方法，它利用现有知识来解决不同但相关的问题，目的是通过转移已有知识来解决在目标域中只有少量标记样品数据甚至没有标记样品数据的学习问题。[20]为保证训练模型的准确性和可靠性，传统的机器学习有两个基本假设：① 必须有足够可用、经过清理的训练样品来建立分类模型；② 用于学习的训练样品和测试样品满足独立同分布。而迁移学习与传统机器学习相比，在这些方面放松了要求。我们使用的 GoogLeNet 架构是由 Christian Szegedy 提出的一个著名的 CNN 和深度学习结构，此前 AlexNet、VGGNet 等 CNN 模型通过增加网络的深度(层数)来获得更好的训练效果，但层数的增加会带来过拟合、梯度消失、梯度爆炸等许多不利影响。[5,21]而 GoogLeNet 网络中的 Inception 结构可以从另一个角度改善训练结果，即更有效地利用计算资源，在相同的计算量下提取更多的特征，从而改善训练结果。我们在进行迁移学习时，在保留

GoogLeNet 基本结构的同时改动其输出分类设置，使用初步预处理的花生籽粒图像进行模型训练，最终可使模型对于训练集图像数据的识别准确率达 95%左右，对于霉变图像数据量较小的情况，数据增强处理可使霉变样品查全率从 50%左右提升至 60%左右。使用验证数据集对模型进行验证，对所有验证数据集图像的识别准确率可达 89.38%，但是对于 P 组霉变花生图像的查全率更高，达到 72%，对于无霉变花生的查全率也保持在 91.17%，基于定期随机采样的图像数据采集方式，模型验证结果表明识别模型性能良好，尤其在对随机样品图像进行识别时，仍可以保持较高的准确率，具备辅助霉变花生识别、分拣工作的潜力。当前模型在识别霉变花生的查全率方面还有提高的空间，主要的原因是我们重点关注的是霉变和 AFT 污染均处于早期的花生样品，因此图像数据集中包含霉变花生的数量会比较少，即使结合数据增强方法也不能完全解决分类不平衡的问题，另外，处于霉变早期的花生表面霉变区域相对较小，也会对模型的提取特征、分类识别造成一些困难。为了兼顾霉变花生籽粒识别的准确率，并尽可能在危害发生早期进行防控，在实际工作中可以一方面注重霉变花生图像数据的采集，对模型进行多次重复训练，另一方面危害防控工作应当保持连续性，对于储藏期间的样品应尽可能进行定期、多次的分拣，以进一步降低食品安全风险。

综上所述，当前通过迁移学习建立的基于 CNN 的霉变花生籽粒快速识别模型，已经在图像采集方法、预处理流程、模型训练时间和识别准确率上具备优势，与以往相关研究相比，也更符合生产实践过程中的实际情况，能够帮助提高花生 AFT 污染防控工作的效率，保障食品安全和消费者健康，以及防止由此造成的经济损失。在我国每年产生大量花生进出口贸易的背景下，基于 CNN 的图像快速识别模型对于口岸食品安全监管工作可起到较好的辅助作用，可避免相关口岸食品的食品安全问题和由此产生的经济损失。

## 章末小结

本章对花生进行人工污染后，在储藏过程中定期采集花生样品的图像，提取图像中的色彩信息，分析霉变过程中的色彩变化趋势，并将图像数据预处理后，结合基于 CNN 的预训练模型 GoogLeNet 进行模型迁移学习，建立一种基于花生图像的霉变籽粒快速识别方法。经污染的花生最早于储藏 14 天时出现可通过图像直接观察到的霉变区域，在后续储藏过程中，出现霉变的花生籽粒不断增多且霉变区域逐渐扩大的趋势。取样检测的结果显示，直至 36 天储藏期结束，样品中的 AFT 含量达到 8.32 μg/kg，结合限量标准，可认为花生仍处于 AFT 污染早期。

在图像预处理时对包含多个花生籽粒的单张图像进行分割，并将图像分辨率调整为 224 像素×224 像素，根据人工标注的霉变情况进行数据标签的标注，形成共含有 7125 张花生籽粒图像的数据集，其中霉变籽粒图像有 668 张(9.38%)。通过边缘检测方法提取花生主体的图像区域后，分别将原始图像的 RGB 色彩空间转换为 HSV 和 CIE Lab 色彩空间，并分别提取颜色分量和计算平均值。各色彩空间下颜色分量的对比表明，RGB 色彩空间下霉变花生仅在 $B$ 分量产生较小的差异(2.64%)；HSV 色彩空间下 $H$、$S$ 分量随花生霉变过程发生变化，其中 $H$ 分量下降幅度可达 25.14%，$S$ 分量则上升 16.3%；CIE Lab 色彩空间下 $b$ 分量随花生霉变发生变化，储藏结束时该颜色分量提高 33.12%。颜色分量的对比和分析表明，花生霉变过程中图像颜色发生了变化，但霉变区域较小，在整体图像的影响下变化幅度不大。

将图像数据全部输入预训练模型 GoogLeNet 进行特征提取和建立识别模型，在迁移学习时保留其网络结构，仅更改与本研究对应的输出分类设置，模型训练的超参数为使用 SGDM 优化器，最大训练轮次为 20，批处理样品量为 100，初始学习率为 0.0001，验证频率为 3 等，此外，对霉变花生籽粒的图像数据进行数据增强以解决其样品占比较少的问题，可将训练集中霉变花生的查全率由 51.5%提升至 61%。对完成迁移学习的模型进行验证的结果显示，模型识别准确率为 89.38%，其中对于无霉变样品的查全率为 91.17%，对霉变样品的查全率为 72%。以上结果表明，我们提出的霉变花生快速识别方法可以较准确地识别霉变花生籽粒，且集成化的图像分割、特征提取等处理方法可以提高工作效率，减少人力消耗并可通过多次取样识别减少人为失误。

## 参考文献


[1] Li L, Wang Y, Jin S, et al. Evaluation of black tea by using smartphone imaging coupled with micro-near-infrared spectrometer[J]. Spectrochimica Acta Part A: Molecular and Biomolecular Spectroscopy, 2021, 246: 118991.

[2] Wongthanyakram J, Harfield A, Masawat P. A smart device-based digital image colorimetry for immediate and simultaneous determination of curcumin in turmeric[J]. Computers and Electronics in Agriculture, 2019, 166: 104981.

[3] Asare B K, Ofori K, Offei S K, et al. Aflatoxin contamination of groundnut (*Arachis hypogaea L.*): predisposing factors and management interventions[J]. Food Control, 2019, 98: 61-67.

[4] Gao J, Zhao L, Li J, et al. Aflatoxin rapid detection based on hyperspectral with 1D-convolution neural network in the pixel level[J]. Food Chemistry, 2021, 360: 129968.

[5] Szegedy C, Liu W, Jia Y Q, et al. Going deeper with convolutions[C]//Proceedings of the 2015 IEEE conference on computer vision and pattern recognition(CVPR). Boston: IEEE, 2015: 1-9.

[6] 薛勇，王立扬，张瑜，等. 基于 GoogLeNet 深度迁移学习的苹果缺陷检测方法[J]. 农业机械学报，2020，51(7)：30-35.

[7] 孙延鹏，任广龙，屈乐乐，等. 基于双通道 GoogLeNet 网络的旋翼无人机分类[J]. 电讯技术，2022，62(8)：1106-1111.

[8] 万军杰，祁力钧，卢中奥，等. 基于迁移学习的 GoogLeNet 果园病虫害识别与分级[J]. 中国农业大学学报，2021，26(11)：209-221.

[9] Singh J, Mehta A. Rapid and sensitive detection of mycotoxins by advanced and emerging analytical methods: a review[J]. Food Science & Nutrition, 2020, 8(5): 2183-2204.

[10] Han Z Z, Zhao Y G. Quality grade detection in peanut using computer vision[J]. Scientia Agricultura Sinica, 2010, 43(18): 3882-3891.

[11] Deng L, Han Z. Image features and DUS testing traits for peanut pod variety identification and pedigree analysis[J]. Journal of the Science of Food and Agriculture, 2019, 99(5): 2572-2578.

[12] Yuan D, Jiang J, Qi X, et al. Selecting key wavelengths of hyperspectral imagine for nondestructive classification of moldy peanuts using ensemble classifier[J]. Infrared Physics & Technology, 2020, 111: 103518.

[13] 杨露露，秦华伟. 基于颜色和纹理特征的花生仁外观品质检测研究[J]. 中国农学通报，2022，38

(27)：151-156.

[14] 申志超，赵志衡，卢雷，等. 基于颜色分割与 GA-SVM 的花生表皮破损识别[J]. 中国粮油学报，2021，36(3)：140-147.

[15] Mohammadi L H，Sadeghi M，Mireei S A. Fish freshness categorization from eyes and gills color features using multi-class artificial neural network and support vector machines[J]. Aquacultural Engineering，2020，90：102076.

[16] Kazi A，Panda S P. Determining the freshness of fruits in the food industry by image classification using transfer learning[J]. Multimedia Tools and Applications，2022，81(6)：7611-7624.

[17] Wang C，Liu Y，Xia Z，et al. Convolutional neural network-based portable computer vision system for freshness assessment of crayfish (*Prokaryophyllus clarkii*) [J]. Journal of Food Science，2022，87(12)：5330-5339.

[18] Ketwongsa W，Boonlue S，Kokaew U. A new deep learning model for the classification of poisonous and edible mushrooms based on improved AlexNet convolutional neural network[J]. Applied Sciences-Basel，2022，12(7)：3409.

[19] Muñoz I，Gou P，Fulladosa E. Computer image analysis for intramuscular fat segmentation in dry-cured ham slices using convolutional neural networks[J]. Food Control，2019，106：106693.

[20] Kermany D S，Goldbaum M，Cai W，et al. Identifying medical diagnoses and treatable diseases by image-based deep learning[J]. Cell，2018，172(5)：1122-1131.

[21] Ni J，Gao J，Deng L，et al. Monitoring the change process of banana freshness by GoogLeNet[J]. IEEE Access，2020，8：228369-228376.

# 第 6 章　植物油中危害物质快速识别方法

BPNN 是应用广泛的神经网络模型之一，在函数逼近、非线性函数拟合和在线预测方面具有良好的适应性，近年来被广泛应用于食品质量与安全领域，且结果表明 BPNN 具有较强的适应性和模拟效果。[1] 近期的相关研究有，利用 BPNN 对带壳鲜花生在红外-喷动干燥过程中的水分比进行预测，将红外光谱与 BPNN 相结合对薯条油炸过程的品质变化进行快速评估，将拉曼光谱与 BPNN 相结合对山茶油中的大豆油进行掺假检测。[2-4]

花生作为一种重要的油料作物，在世界各地均有大规模种植，在种植、收获、储藏以及加工过程中，花生易受温度、湿度的影响而发生霉变，从而产生 AFT 造成极大的食品安全风险。[5] 花生油富含不饱和脂肪酸，也含有软脂酸、硬脂酸、花生酸等饱和脂肪酸，是一种脂肪酸构成较好且广受消费者喜爱的食用油，无论是在我国还是欧美国家产量和消费量很大且呈逐年上升的趋势，我国的花生油消费量、进口量、出口量均位居世界前列。[6] 因此，对于花生以及花生油中 AFT 污染造成的安全风险，应当重点关注并做好风险控制，以减少相关的食品安全问题。因此，在前述研究已提出霉变花生籽粒快速识别方法的基础上，将研究重点集中于花生的主要加工产品——花生油，以光谱技术与神经网络技术相结合，提出一种快速识别植物油中危害物质的方法。

检测花生油中的 AFT，一般运用高效液相色谱法、液相色谱-串联质谱法以及酶联免疫吸附测定等方法。[7] 但这些检测方法较为耗费时间和人力，对样品具有破坏性，且需要在专业的实验室使用昂贵的设备检测，在检测过程中需要大量使用多种有机试剂。[8] 因此，虽然传统检测方法灵敏度高、结果准确，是必不可少的检测流程，但仍有必要开发一种耗时短、结果相对准确且对样品破坏性小的快速识别和筛查方法。傅里叶变换红外光谱（Fourier transform infrared spectroscopy，FTIR）作为一种快速、可靠、非破坏性的检测技术，样品在检测前不需要或只需简单的预处理，可用于确定检测样品中重要的官能团[9]，当前被广泛应用于食用油的质量监控，如检测食用油中的掺假成分，有研究用其检测橄榄油中掺入的菜籽油、花生油、玉米油，以及玫瑰精油中混合掺入的大豆油、玉米油和葵花籽油，其与化学计量学（chemometrics）相结合可以有效识别食用油中的非法成分。[10] 因此，我们收集 AFT 污染的花生油样品，经 AFT 含量测定和 FTIR 测定后将光谱数据结合 BPNN，形成预测模型，以快速识别花生油中的 AFT 污染风险，并对模型进行验证，以建立一种 AFT 污染花生油的风险快速识别方法，技术路线图如图 6.1 所示。

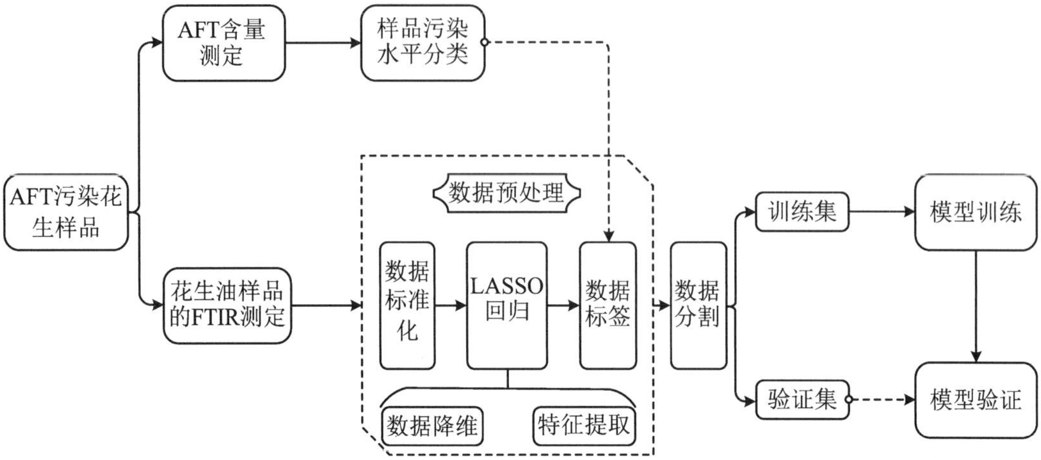


**图 6.1　第 6 章研究的技术路线图**

# 6.1　FTIR 光谱数据的获取和预处理

## 6.1.1　花生油的 FTIR 测定

使用配备衰减全反射(attenuated total reflectance,ATR)附件的 FTIR 检测仪采集花生油的 FTIR。波数范围为 4000～650 $cm^{-1}$,分辨率为 0.5 $cm^{-1}$,每次测定于室温下扫描 32 次。每次测定时先采集空气的背景光谱,每个样品均测定 3 次,扣除背景值后取平均光谱。ATR 附件在每次测定前,均需进行仔细的清洁,避免样品残留物之间相互干扰。

部分花生油样品的 FTIR 图谱如图 6.2 所示,其中有 AFT 含量为 0 μg/kg、19.26 μg/kg、98.53 μg/kg、196.82 μg/kg 和 486.71 μg/kg 的花生油的 FTIR 图谱。如图所示,各组样品在 3008 $cm^{-1}$、2922 $cm^{-1}$、2853 $cm^{-1}$、1743 $cm^{-1}$、1465 $cm^{-1}$、1377 $cm^{-1}$、1237 $cm^{-1}$、1159 $cm^{-1}$、1119 $cm^{-1}$、1097 $cm^{-1}$、722 $cm^{-1}$处,均观察到了吸收峰。花生油中富含多种脂肪酸,且不同样品中的主要成分基本相同,也导致样品的 FTIR 谱型基本一致,且未观察到与 AFT 特征官能团有关的吸收峰,可能是由于 AFT 的吸收峰与花生油的吸收峰位置重叠。以上结果表明,花生油在 FTIR 中主要反映自身特征官能团的情况,AFT 的污染情况并不能直接从 FTIR 中观察到,直接分析 FTIR 图谱的方法并不适用于识别被 AFT 污染的花生油样品。

## 6.1.2　FTIR 数据的标准化处理

为消除 FTIR 测定过程中样品自身的理化性质以及测定时环境条件变化对光谱结果的影响,将 FTIR 数据首先进行标准化处理。使用标准正态变量变换(standard normal variate,SNV)对所有光谱数据进行处理,计算方法如下:

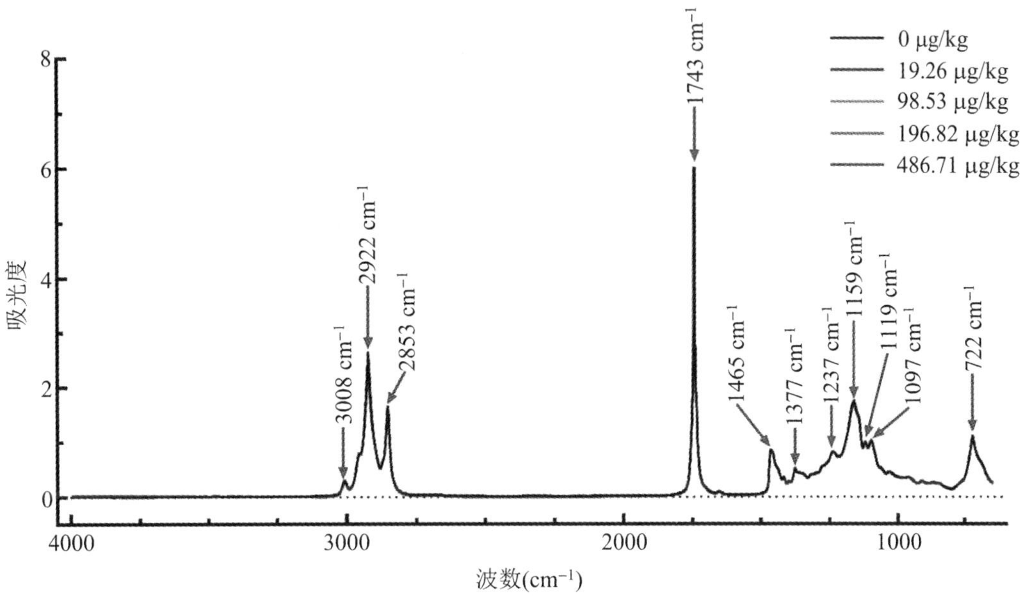


**图 6.2　花生油样品的 FTIR**

$$\mathrm{Abs}_{\mathrm{SNV}} = \frac{\mathrm{Abs}-\mathrm{Abs}_{\mathrm{mean}}}{\sqrt{\frac{1}{n-1}\sum_{k=1}^{n}(\mathrm{Abs}_k-\mathrm{Abs}_{\mathrm{mean}})^2}} \tag{6.1}$$

$$\mathrm{Abs}_{\mathrm{mean}} = \frac{1}{n}\sum_{k=1}^{n}\mathrm{Abs}_k \tag{6.2}$$

式中，Abs 为某样品在某波数下对应的吸光度，$\mathrm{Abs}_{\mathrm{SNV}}$为该样品在该波数下 SNV 处理后的吸光度，$\mathrm{Abs}_{\mathrm{mean}}$为该波数下所有样品对应吸光度的平均值，$n$ 为样品数量，$\mathrm{Abs}_k$表示第 $k$ 个样品在该波数下对应的吸光度，$k=1,2,\cdots,n$。所有样品 FTIR 数据中的所有波数下对应的吸光度全部应进行 SNV 处理，便于后续使用。

所有样品的原始光谱和经 SNV 处理后的光谱如图 6.2 所示。SNV 处理的特点是无须获取理想光谱，而是直接将样品的光谱数据标准正态化，对每条光谱曲线单独校正。由图中的光谱可见，经 SNV 处理后，光谱的吸收峰、平滑度等特征未发生显著变化，仅在吸光度取值范围方面发生了改变。

### 6.1.3　FTIR 数据的降维处理和特征点提取

在标准的最小二乘法(ordinary least squares，OLS)回归中，回归模型的参数估计可以通过最小化损失函数(loss function)得到，即最小化观察值与预测值之间的垂直平方距离，OLS 估计的损失函数公式如下[11]：

$$L^{\mathrm{OLS}}(\boldsymbol{\beta}) = \|\boldsymbol{Y}-\boldsymbol{X\beta}\|^2 \tag{6.3}$$

式中，$L^{\mathrm{OLS}}$为损失函数，假设有 $n$ 个观察值，$p$ 个预测变量(包括截距项)，则 $\boldsymbol{X}(n\times p)$和 $\boldsymbol{Y}(n\times 1)$分别为预测变量矩阵和结果变量向量，$\boldsymbol{\beta}(p\times 1)$是回归系数的向量。但 OLS 方法关注对当前数据集的无偏估计，容易导致模型发生过拟合(overfit)现象，即基于当前样品得到的回归模型结果在拟合同一总体的其他样品数据或用于预测未来观测数据时表现

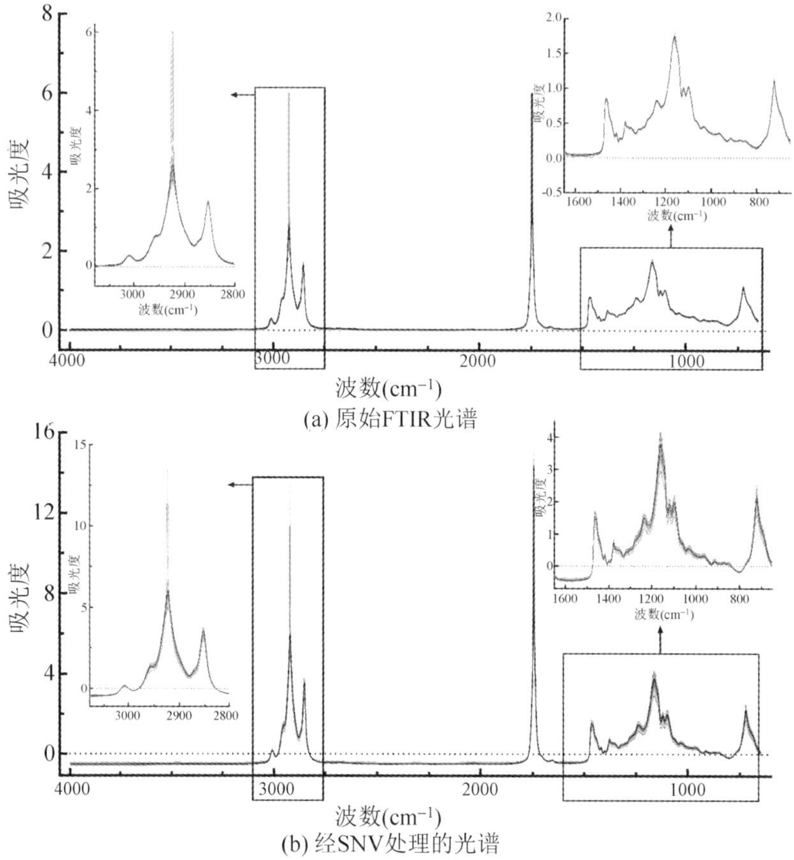


**图 6.3　原始光谱与经处理的光谱**

不佳。[12]

以最小绝对收缩和选择算法(least absolute shrinkage and selection operator,LASSO)为代表的正则化(regularization)方法可以有效优化 OLS 估计、处理过拟合问题,正则化方法通过在模型估计中增加惩罚项的方式可以将过小的回归系数压缩到 0,以一定的估计偏差为代价获得更高的模型预测准确率和模型概化能力,且在压缩系数的同时起到变量筛选的作用,可以有效避免由过拟合导致的模型概化能力不足的问题,获得更简约且具有较高预测效率的模型。[13]与上述 OLS 方法相比,正则化方法在 OLS 损失函数的基础上引入了惩罚函数,以压缩过于复杂的模型,其公式为

$$L^{\mathrm{reg}}(\boldsymbol{\beta}) = L^{\mathrm{OLS}}(\boldsymbol{\beta}) + \lambda P(\boldsymbol{\beta}) \tag{6.4}$$

式中,$L^{\mathrm{OLS}}(\boldsymbol{\beta})$为标准 OLS 回归的损失函数,$P(\boldsymbol{\beta})$为引入的惩罚函数,而 $\lambda(\geqslant 0)$表示调整参数(tuning parameter),用于压缩回归系数,其数值越大,惩罚力度越大。当 $\lambda=0$ 时,不对原模型进行惩罚。LASSO 作为正则化方法的一种,以回归系数的绝对值之和作为惩罚函数来压缩回归系数:

$$P^{\mathrm{LASSO}}(\boldsymbol{\beta}) = \lambda \sum_{j=1}^{p} |\boldsymbol{\beta}_j| \tag{6.5}$$

由于绝对值符号难以拆解运算,因此将$|\boldsymbol{\beta}_j|$转化为$\pm 1 * \boldsymbol{\beta}_j$,而$\pm 1$ 的具体符号与 $\boldsymbol{\beta}_j$ 的符号一致,所以 LASSO 损失函数可以表示为

$$L^{\text{LASSO}}(\boldsymbol{\beta}) = \|\boldsymbol{Y} - \boldsymbol{X\beta}\|^2 + \lambda \boldsymbol{W}^{\mathrm{T}} \boldsymbol{\beta} \tag{6.6}$$

式中，$L^{\text{LASSO}}(\boldsymbol{\beta})$是 LASSO 回归模型的损失函数，$\boldsymbol{X}(n\times p)$、$\boldsymbol{Y}(n\times 1)$和 $\boldsymbol{\beta}(p\times 1)$分别是预测变量矩阵、结果变量向量和回归系数向量，而 $\boldsymbol{W}(p\times 1)$是值为$\pm 1$(符号与 $\boldsymbol{\beta}$ 向量中对应的数值一致)的向量。经 LASSO 方法进行数据降维后，可将冗余的预测变量的回归系数压缩至 0，获得精简、高效的预测变量集，即作为我们用于建立模型的 FTIR 数据的特征位点。

我们使用的 FTIR 光谱仪和光谱采集时的参数设置使得原始 FTIR 数据的分辨率很高，有 6950 个波数位点，若要将全部数据输入模型进行训练，则有 6950 个模型输入变量。由于其中很多波数位点与研究的目标性质相关性并不高，且会加大模型的计算量和降低模型预测的准确率，因此对 FTIR 数据进行变量选择后再用于模型的训练。采用 LASSO 方法进行数据降维后，可将冗余的预测变量的回归系数压缩至 0，获得精简、高效的预测变量集，本研究中的 FTIR 数据经 LASSO 回归后选择的特征波数位点如图 6.4 所示。最终选择的特征位点共 406 个，如图所示，特征位点主要集中于 3200～4000 $cm^{-1}$、2800～3000 $cm^{-1}$、650～1800 $cm^{-1}$的波数范围内，由此也确定了 BPNN 中输入层的节点数为 406 个。

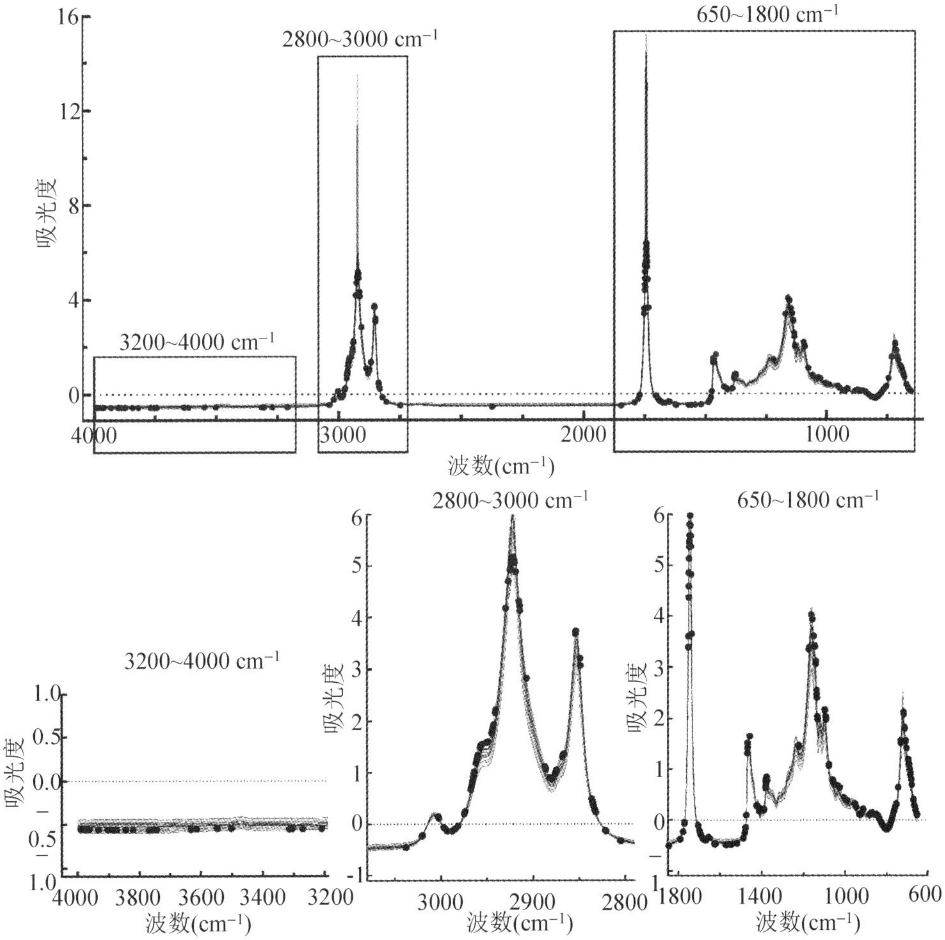


**图 6.4　LASSO 回归选择的特征波数位点**

### 6.1.4 数据标签和数据集的筛选

我们根据样品中的 AFT 含量(μg/kg)对数据进行划分，划分依据为两种：第一，根据《食品中真菌毒素限量》(GB 2761—2017)中的限量标准，≤20 μg/kg 的为未超标样品，数据标签为“Ⅰ”，而所有超过 20 μg/kg 的样品为超标的不合格样品，数据标签为“Ⅱ”。第二，按照样品中的 AFT 含量由低到高划分为 5 个类别，对应由低到高的污染风险。具体如下：≤20 μg/kg 的样品数据标签为“1”，AFT 含量>20 μg/kg 且≤50 μg/kg 的样品数据标签为“2”，AFT 含量> 50 μg/kg 且≤100 μg/kg 的样品数据标签为“3”，AFT 含量>100 μg/kg 且≤200 μg/kg 的样品数据标签为“4”，其余 AFT 含量> 200 μg/kg 的样品数据标签为“5”。

420 份花生油样品测定 AFT 含量后，其中 414 份样品检出了 AFT，检出率为 98.57%，含量超过限量标准(20 μg/kg)的样品共 324 份，即超标率为 77.14%。其中 AFT 含量最高为 486.71 μg/kg，平均含量为 124.44 μg/kg。根据上述的分类划分和数据标签标注方法，分类统计的结果见表 6.1。结果显示，按照样品 AFT 是否超标进行数据分类标记，未超标样品 96 个而超标样品 324 个属于分类不平衡，而按照花生油 AFT 含量由低到高进行 5 个分类时，1 类至 5 类下样品数量分别为 96 个、86 个、77 个、83 个和 78 个，各分类下样品数量均不同但差别较小，略有不平衡。考虑到本研究中存在分类不平衡的情况，在后续模型的分类权重调整时，主要关注分类数据量和分类重要性不同进行适当调整，以达到最佳的分类效果。

**表 6.1 花生油样品的分类统计**

| 数据标签 | 样品数量(个) | 数 据 标 签 | 样品数量(个) |
|---|---|---|---|
| Ⅰ(未超标样品) | 96 | 1(0～20 μg/kg) | 96 |
| Ⅱ(超标样品) | 324 | 2(20～50 μg/kg) | 86 |
| | | 3(50～100 μg/kg) | 77 |
| | | 4(100～200 μg/kg) | 83 |
| | | 5(200～500 μg/kg) | 78 |

在分割模型的训练集和验证集时，采用随机抽取的方式从总数据集中抽取，为了平衡各分类下的数据，采取分类抽取的方式，以保证每一分类下均抽取足量的数据用于模型的训练和验证。本研究中训练集数据的抽取比例为 70%，剩余 30%的数据用于模型的验证。

# 6.2　BPNN 模型的训练和验证

## 6.2.1　BPNN 模型的网络结构和优化算法

BPNN 是一种多层前馈神经网络，其主要特点是信号向前传递和误差的反向传播，在信号向前传递的过程中，信息从输入层到隐藏层逐层处理直至输出层，每层的神经元只影响下一层的神经元状态，若输出结果不及预期，则转入反向传播，根据预测误差调整网络权值和阈值，使得预测结果不断逼近期望值，本章所使用的 BPNN 的拓扑结构如图 6.5 所示。其中，输入层包含 $X_1$ 至 $X_{406}$ 共 406 个输入节点，对应经 LASSO 回归后提取的 406 个 FTIR 特征位点；隐藏层共有 2 层，第一层包含 50 个节点（$H_1$ 至 $H_{50}$），第二层包含 $C_1$ 至 $C_5$ 共 5 个节点，与输出的 5 个分类对应；输出层则用于输出模型预测的分类结果，为 $Y_1$ 至 $Y_5$ 共 5 个节点（当仅识别样品是否超标时，隐藏层第二层与输出层节点数量为 2）。在输出预测结果前，经归一化指数函数 Softmax 将多个神经元输出映射到[0,1]区间内，对数据进行多分类结果输出，其定义如下：

$$\mathrm{Softmax}(y_i) = ey_i \Big/ \sum_{n=1}^{n} ey_n \tag{6.7}$$

式中，$y_i$ 为第 $i$ 个节点的输出值，$n$ 为输出节点的个数即分类数量，通过 Softmax 函数可将多分类的输出值转化为范围在[0,1]内且总和为 1 的概率分布结果，用于输出模型的分类预测结果。

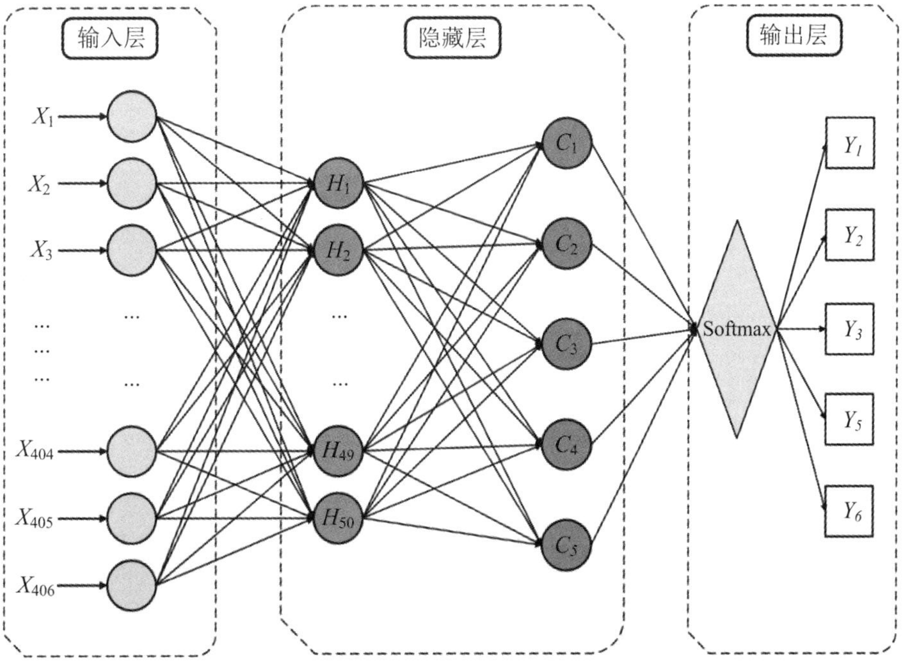


**图 6.5　BPNN 的拓扑结构**

BPNN训练过程中使用的优化算法为批量梯度下降(batch gradient descent,BGD)法,对于单一特征的线性回归,其假设函数(hypothesis function)为

$$h_\theta(x^i)=\theta_1 x^{(i)}+\theta_0 \tag{6.8}$$

式中,$i=1,2,\cdots,n$,$n$为样品数量。则对应的损失函数为

$$J(\theta_0,\theta_1)=\frac{1}{2n}\sum_{i=1}^{n}(h_\theta(x^{(i)})-y^{(i)})^2 \tag{6.9}$$

式中,$i=1,2,\cdots,n$,$n$为样品数量,$x^{(i)}$和$y^{(i)}$表示第$i$个样品的输入值和输出结果。在BGD方法中,参数$\theta$每次更新时需计算数据集中所有样品的负梯度方向,然后取平均值再进行下一次梯度下降,将$J(\theta)$对$\theta$求偏导,求得每个参数相应的梯度:

$$\frac{\Delta J(\theta_0,\theta_1)}{\Delta\theta_j}=\frac{1}{n}\sum_{i=1}^{n}(h_\theta(x^{(i)})-y^{(i)})x_j^{(i)} \tag{6.10}$$

式中,$i-1,2,\cdots,n$,$n$为样品数量,$j=0,1$表示特征数量,此处使用了偏置项$x_0^{(i)}=1$。使用BGD优化的目的是使损失函数最小化,因此应按照每个参数最小化的负梯度方向更新参数$\theta$:

$$\theta_j=\theta_j-\partial\frac{1}{n}\sum_{i=1}^{n}(h_\theta(x^{(i)})-y^{(i)})x_j^{(i)} \tag{6.11}$$

### 6.2.2 BPNN模型的训练参数和结果

在模型训练开始之前,需确定BPNN的相关超参数。BPNN从整体上看,是由输入层、隐藏层和输出层组成的,其中影响模型性能的主要因素是隐藏层的层数及其节点数。BPNN的输入层和输出层的节点数由建模数据和输出分类的情况决定,输入层的节点数等于待处理数据中输入变量的数量,即我们经LASSO方法提取的406个特征位点,而输出层的节点数等于输出分类的数量,即本研究中按照是否超过限量标准划分的2类,或按照污染水平由低到高划分的5类。对于隐藏层参数的选择,主要是隐藏层的数量及对应隐藏层的节点数,若不设置隐藏层,则该模型仅能处理二元分类或回归预测问题,增加隐藏层可使模型具有识别复杂二分类或多分类的能力,隐藏层越多则模型性能越强,但也会出现过拟合的情况,如果隐藏层太少则容易导致模型性能不足,因此隐藏层数的调整原则是在保证模型准确率的情况下设置尽量少的隐藏层。隐藏层的层数及其节点数的设置并无统一的方法和原则,需要在考虑训练集数据情况、硬件平台性能、最终模型准确率的情况下,进行多次尝试和改进,在确保准确率的同时避免欠拟合或过拟合,减少训练时间,保证模型的泛化能力。

此外,根据模型训练过程中准确率上升、损失函数下降的情况及收敛趋势,我们调整了最大训练轮次、批处理样品量、初始学习率等超参数。经过多次训练调试后将超参数设置为:训练的最大训练轮次为650轮;批处理样品量为48个;初始学习率为0.01,学习率下降系数为0.8,学习率下降周期为40;混洗设为每轮训练进行1次,即每个训练轮次开始之前打乱数据顺序;执行环境为使用GPU进行训练。由于设置的分类中,各分类中的样品量有差异,当根据限量标准判定样品中的AFT含量是否超标时,未超标的样品量远小于超标的样品量(即不平衡分类),需要通过调整分类权重(classification weight)以平衡分类,并根据模型输出的预测分类结果的查全率调整分类权重,以获得较好的预测效果,保存准确率和查全率较高的模型用于验证。

在模型训练的过程中，要通过模型识别花生油中的 AFT 是否存在超标的情况，需要根据其 2 个分类的识别情况，将第二层隐藏层和输出层的节点全部设置为 2(与分类数量一致)，其他设定不变。由于 2 个分类中存在数据不平衡的情况，因此应通过调整分类权重改善模型的准确率和查全率，其调整情况见表 6.2(仅展示有代表性的结果)。由于总数据集中超标样品(Ⅱ类)的占比达到了 77.14%，属于典型的分类不平衡情况，因此尝试将 2 个分类的权重比例(Ⅰ类：Ⅱ类)分别设置为 1：1、2：1 和 3：2，结果显示分类权重为 3：2 时，无论是各分类的查全率还是模型的准确率都达到了 100%。

**表 6.2　调整分类权重对模型预测样品中 AFT 超标时准确率和查全率的影响**

| | | 真实结果 | | | | | |
|---|---|---|---|---|---|---|---|
| | | Ⅰ：Ⅱ = 1：1 | | Ⅰ：Ⅱ = 2：1 | | Ⅰ：Ⅱ = 3：2 | |
| | | Ⅰ | Ⅱ | Ⅰ | Ⅱ | Ⅰ | Ⅱ |
| 预测结果 | Ⅰ | 7 | 1 | 9 | 1 | 9 | 0 |
| | Ⅱ | 2 | 34 | 0 | 34 | 0 | 35 |
| 查全率 | | 77.78% | 97.14% | 100% | 97.14% | 100% | 100% |
| 准确率 | | 93.18% | | 97.73% | | 100% | |

当训练模型用于识别花生油中的 AFT 污染水平时，模型处于 5 个分类的识别模式，因此调整 BPNN 模型的相关节点数，同样进行分类权重的调整，使模型达到最佳的预测效果。在识别污染水平时，各分类中数据不平衡的现象并不明显，因此调整分类权重的目的是调整各预测分类的重要性。表 6.3 体现了(仅展示有代表性的结果)调整分类权重对模型预测准确率的影响，在识别时，准确预测Ⅰ类和Ⅱ类样品的重要性是最高的，因此采取逐步增加这 2 类的权重来平衡模型对于各分类的查全率，并提高模型的准确率。表 6.3 显示，由于分类不平衡的情况并不明显，仅进行小幅度的分类权重调整，当分类权重比为 3：2：2：2：2 时，1 类和 5 类的查全率高，3 类的查全率为 88.89%，处于可接受的水平，而 2 类和 4 类的查全率较低。由于 5 类属于 AFT 含量最高的一组样品，其查全率重要性最低，错判的成本也最低，因此要适当降低该分类的权重，而 1 类和 2 类样品实际上处于限量标准的两侧，错判的成本较高，鉴于其较高的重要性，应适当提高其分类权重。当分类权重比为 4：4：3：3：1 时，模型准确率为 93.19%，达到最佳，1 类和 5 类样品的查全率仍为 100%，3 类的查全率也保持在 88.89%，而 2 类和 4 类样品的查全率分别提升至 88.89%和 90%，模型准确率达到最佳。在这 3 种分类权重比设置下，模型预测样品分类时的输出情况如图 6.6 中的混淆矩阵所示。当分类权重比为 3：2：2：2：2[图 6.6(a)]和 3：2：2：2：1[图 6.6(b)]时，1 类和 2 类样品之间的模型均存在预测错误的情况，当分类权重比为 4：4：3：3：1[图 6.6(c)]时，1 类和 5 类无错判，而 2 类、3 类、4 类的预测结果中存在少数错判，但其错判成本不高，因此当利用模型预测花生油中的 AFT 污染水平时，可将模型的分类权重比设置为4：4：3：3：1。

**表 6.3　调整分类权重对模型预测样品中的 AFT 污染水平的准确率的影响**

| 分类权重比<br>(1类∶2类∶3类∶4类∶5类) | 查全率 | | | | | 准确率 |
|---|---|---|---|---|---|---|
| | 1 | 2 | 3 | 4 | 5 | |
| 3∶2∶2∶2∶2 | 100% | 77.78% | 88.89% | 70% | 100% | 86.36% |
| 3∶2∶2∶2∶1 | 100% | 77.78% | 88.89% | 90% | 100% | 90.91% |
| 4∶4∶3∶3∶1 | 100% | 88.89% | 88.89% | 90% | 100% | 93.19% |

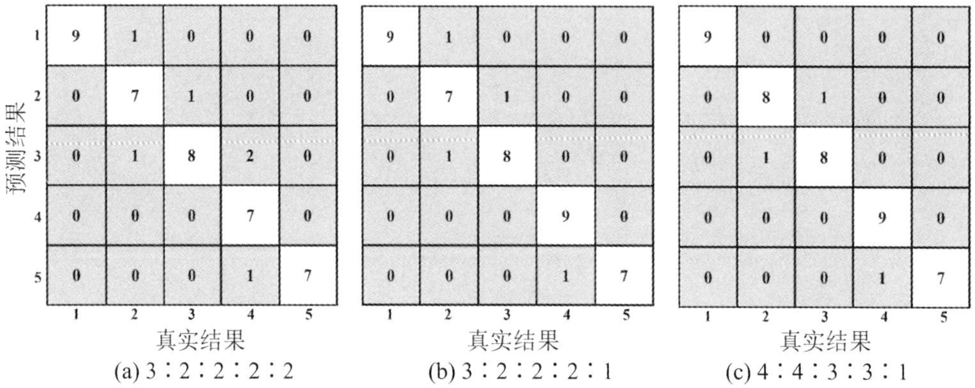


**图 6.6　不同分类权重时模型的预测结果与真实结果对比**

综上所述，在确定 BPNN 的结构、相关超参数之后，根据预测分类模式(2 个分类或 5 个分类)适当调整分类权重，以获得更好的模型准确率和查全率，将性能最佳的模型保存，用于后续的验证。

## 6.2.3　BPNN 模型的验证

我们在进行模型验证时，采用随机抽取的方法从验证数据集中抽取一定量的数据输入模型，根据最终模型输出结果的准确率和查全率评价模型的分类性能，并按照真实分类和预测分类绘制混淆矩阵呈现模型的验证结果。我们设置的随机抽取验证样品，每次可抽取 41～44 个样品数据用于模型的验证，且在设置抽取比例时确保各分类平衡。最终，将模型按照上述随机验证方法运行 100 次，记录每一次验证的准确率并计算其平均值，并输出准确率最高和最低一组的混淆矩阵，分析其查全率的差异。

根据前文的结果，选取性能最佳的模型进行模型的验证，采用随机抽取数据的方法，从验证数据集中随机抽取数据输入模型进行预测，根据输出结果的准确率和查全率评价模型的性能，进行 100 次随机验证并记录每次的输出结果，并选取验证结果准确率最高和最低的一组结果进行比较和分析。通过 2 个分类识别花生油样品中的 AFT 是否超标时，100 次随机验证的平均准确率为 95.35%，其中验证结果准确率最高可达 100%，而准确率最低为 93.02%(表 6.4)。如结果所示，预测准确率最高时可以完全准确识别花生油中 AFT 的超标情况，而准确率最低的验证结果显示，模型存在将超标样品识别为未超标样品的情况，但其错误率处于可接受的范围内，且 100 次验证结果的平均准确率达到了 95.35%，上述结果均表明，我们建立的 BPNN 模型在经过充分训练后，对验证集的识别准确率较高，模型的性能较好,可用于快速识别花生油中 AFT 的超标情况。

**表 6.4　预测样品 AFT 超标的随机验证中准确率最高和最低的验证结果**

| | | 真实结果 | | | |
|---|---|---|---|---|---|
| | | 最高准确率 100% | | 最低准确率 93.02% | |
| | | Ⅰ | Ⅱ | Ⅰ | Ⅱ |
| 预测结果 | Ⅰ | 9 | 0 | 9 | 3 |
| | Ⅱ | 0 | 32 | 0 | 31 |
| 查全率 | | 100% | 100% | 100% | 91.18% |

识别花生油 AFT 污染水平的 5 个分类预测随机验证准确率分布情况如图 6.7 所示,结果显示,100 次随机验证的平均准确率为 84.91%,最高准确率达 97.56%,最低准确率则为 72.09%,其中准确率高于 85%的验证结果有 57 次,低于 84%的有 43 次。准确率最高和最低的输出结果如图 6.7 所示,在准确率最高[图 6.8(a)]的验证结果中,41 个验证样品仅错判 1 个,即将 4 类样品错判为 3 类,其处于 AFT 含量较高的分类,所以其错判成本不高。而准确率最低[图 6.8(b)]的验证结果中除 1 类和 5 类外,其他分类样品均出现错判情况,8 个 2 类样品中 3 个错判为 1 类、2 个错判为 3 类,8 个 3 类样品中 1 个错判为 2 类,10 个 4 类样品中 5 个错判为 3 类、1 个错判为 5 类,其中 3 类样品的查全率为 87.5%,处于可接受范围内,4 类样品的查全率仅为 40%,但由于其处于 AFT 污染水平较高的分类,所以其错判成本稍低,关键是 2 类样品的查全率仅为 37.5%,是所有分类中最低的,且将 2 类样品错判为 1 类表明我们会将超标样品误判为未超标样品,错判成本较高。以上结果表明,我们建立的 BPNN 模型在预测花生油 AFT 污染水平时准确率较高,有助于快速筛选高污染风险样品进行复检确认,提高大批量样品检测时的工作效率。

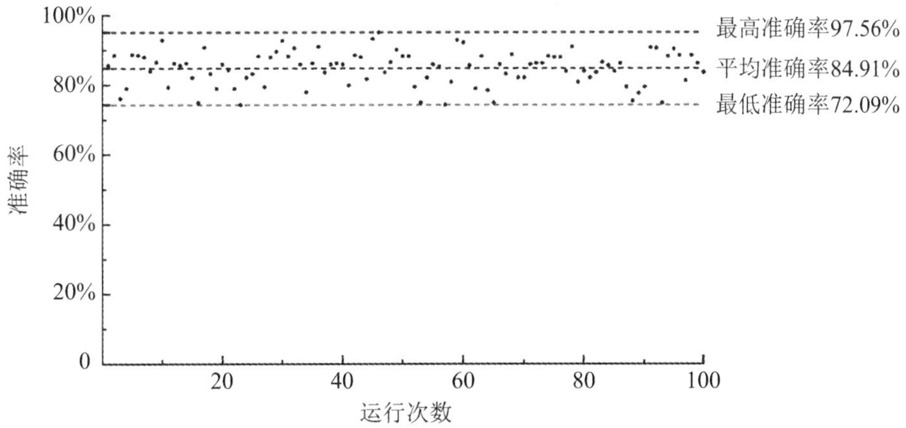


**图 6.7　预测样品 AFT 污染水平的随机验证准确率分布**

综上所述,模型的验证显示本研究通过 BPNN 训练建立的花生油 AFT 污染快速识别模型的准确率较高,多轮随机验证的结果也显示,样品识别的准确率波动较小,能够有效识别被 AFT 污染的花生油。在进行 2 个分类的花生油 AFT 超标情况预测时,模型的预测结果可以有效提高样品前期快速筛查的效率,而在进行 5 个分类的花生油 AFT 污染水平预测

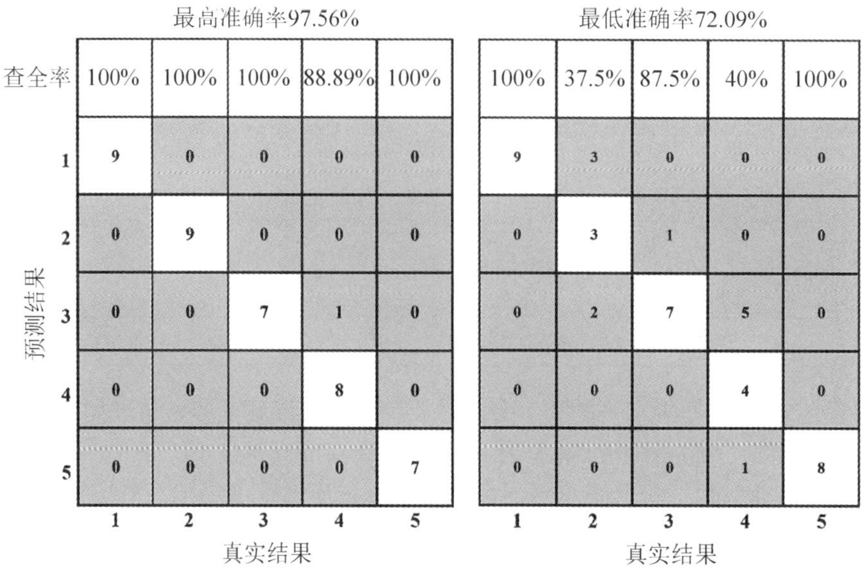

(a) 最高准确率　(b) 最低准确率

**图 6.8　预测样品 AFT 污染水平的随机验证结果**

时，也可对样品污染水平进行较准确的分类预测，我们可快速筛选出具有高污染风险的样品进行优先复检，提高检测工作的效率。

## 6.3　结果分析与讨论

食用植物油是人们日常饮食中的必需品，其安全性引起了政府和消费者的重视，但其中苯并芘、重金属、AFT 等引发的食用植物油安全问题较为严重，植物油的质量安全问题已经引起了世界各国政府监管部门的高度关注。[14-15]我国针对植物油的风险评估起步较晚，监管机构风险评估体系仍不完善，消费者难以从外观上识别有污染风险的植物油，植物油的安全问题对消费者身体健康、产业发展和经济发展均有不利影响。[16]由于花生在种植生产过程中极易受 AFT 污染并产生毒素，而花生油是一种生产量、消费量都较大的食用油，需要关注花生油中 AFT 的污染风险。本研究的目的是提出一种快速、准确识别花生油中 AFT 污染的方法，以识别危害风险，快速筛查污染样品，提高监管效率。

传统的 AFT 检测方法耗费时间和人力，需使用较多的有机试剂，需要配备多种专用的仪器设备，尽管检测结果准确但难以起到快速识别的作用。基于红外光谱的检测方法具有快速、无损、环保、使用简单等优点，多项研究将中红外光谱与化学计量学相结合，用于检测食品中的 AFT 污染。例如，有研究对比了不同的光谱方法对 AFT 污染玉米的鉴别，发现拉曼光谱和中红外光谱是比近红外光谱更好的方法。[17-19]我们通过诱导霉变的方式获得了大量被 AFT 污染的花生样品，提取花生油后经液相色谱-串联质谱法测定准确的 AFT 含量，同时使用配备了 ATR 附件的 FTIR 仪器采集了样品的 FTIR 光谱，可以做到样品几乎无需前处理，可快速上样检测获取光谱数据，体现了 FTIR 在样品检测速度上的优势。

随着信息技术的发展，近年来以神经网络、偏最小二乘法判别分析和支持向量机为代表的机器学习技术广泛应用于食品安全领域，在风险评估、原产地溯源、成分掺假识别等方面应用较多。考虑到消费者对高质量食品的需求，当前对无损和快速检测技术在食品工业中的应用需求不断上升，但是多数无损检测技术的数据分析是复杂且耗时的，并且各种化学计量学或统计方法易受到噪声、样品、变异性和数据复杂性的影响。[20] 如今，机器学习技术在食品工业中具有广泛的应用，特别是在无损技术和设备智能方面，因为它们在处理无关信息、提取特征变量和构建模型方面具有较强的能力。例如，食品高光谱成像检测最重要的挑战就是从包含冗余信息的高维高光谱数据中提取有用的信息，易受到传感器噪声、照明和环境因素的变化、样品的异质性等不利因素的影响，因此需要高效的算法和化学计量学来降低高光谱数据的维数，机器学习技术在此类领域可发挥极大的作用。[21] 当前，关于植物油中的化学危害物质的风险评估和预警模型还比较少，将 FTIR 与机器学习技术相结合用于识别花生中以 AFT 为代表的真菌毒素的研究也较为少见。因此，我们采取 BPNN 与 FTIR 相结合的方法，建立模型以达到快速识别 AFT 危害风险的目的。目前，BPNN 已是比较成熟的机器学习技术，在食品安全领域也多有应用，如有研究人员采用粒子群优化（particle swarm optimization，PSO）和 BPNN 对初始权值和阈值进行优化，得到最优参数，并基于 PSO-BPNN 模型构建比萨饼中大肠菌群数量预测模型。[22] 在本研究中，对于前期获取的花生油样品 FTIR 数据，我们根据 AFT 含量和识别模式的不同对其进行分类并标注数据标签，在经过 SNV 处理消除测量误差和 LASSO 回归压缩冗余变量、提取特征位点后，输入 BPNN 进行模型的训练，在 BPNN 结构设置时，我们在考虑了输入变量、输出分类以及模型拟合度的情况后，合理设置了隐藏层数以及隐藏节点，结合激活函数 Softmax 输出分类结果，并通过分类权重解决分类不平衡和调整分类重要性的问题。

虽然已有学者研究 FTIR 结合机器学习技术识别 AFT 污染风险，如 FTIR 结合多元决策树（multivariate decision tree）快速筛查被 AFT 污染的花生油。[23] 但是在此类研究的基础上，我们除了使用 BPNN 模型识别花生油中的 AFT 是否存在超标的情况，还尝试对样品进行划分，形成 AFT 含量由低到高的 5 个分类进行多分类识别，使得建立的模型不仅可以快速筛查有 AFT 污染风险的花生油样品，还可以对的 AFT 污染水平进行预测和排序，以起到筛选高污染水平的花生油样品并进行优先复检的作用，全面提高相关监管工作的效率。我们建立的模型对花生油 AFT 超标和污染水平的训练数据集识别准确率分别可达 100%和 93.19%。当采用验证数据集进行多轮随机验证时，模型对于 AFT 超标的识别平均准确率可达 95%，对于 AFT 污染水平的识别平均准确率为 85%，均处于准确率较高的水平，且模型还可继续使用积累的数据继续训练优化，以进一步提高模型的准确性。

综上所述，我们采用 ATR-FTIR 方法可快速获取花生油样品的 FTIR 光谱数据，在对数据进行有效前处理后输入 BPNN 模型，生成的模型在预测花生油样品 AFT 超标方面具有较高的准确率。在预测多分类的花生油 AFT 污染水平时，该模型能够起到早期快速筛查高污染样品的作用，对监管过程中的重点样品排查、优先复检复核工作有很大帮助。当前在模型建立过程中存在的问题主要有，BPNN 模型的隐藏层结构、训练轮次、初始学习率等超参数的设置还没有比较明确的优化原则，对于本研究的实际情况，在训练时无须考虑训练时间成本、平台硬件能力的问题，因此没有进行全面、细致的调整，而后续当使用更大数量的训练数据集时，应当更多地考虑模型训练成本，以进一步优化 BPNN 模型的超参数。此外，我们在使用多分类识别模型预测花生油的 AFT 污染水平时，少数情况下，个别分类还存在查全率不高、错判成本较高的问题，可以考虑有针对性地增加相关样品数量再次训练模型，以进一步优化模型。我们提出的快速识别方法，具有前期样品处理简单、数据单次输入直接识别的在线处理样品能力，且BPNN的特点使模型在后期获取更多检测数据的情况下，可以继续增加训练集进行模型的再次训练和调整，以进一步提高模型的性能。

## 章末小结

我们将经诱导霉变获取的AFT污染花生制得420份花生油样品，使用ATR附件的红外光谱仪测定花生油样品的FTIR，基于FTIR数据建立BPNN模型用于快速识别AFT污染的花生油。在420份样品中，AFT的检出率为98.57%(414份)，超过限量标准(20 μg/kg)的有324份(超标率77.14%)，根据AFT含量给数据贴上标签，以限量标准为界限形成2个分类用于模型预测样品的AFT超标情况，并根据AFT含量由低到高形成5个污染水平分类，考察模型的多分类预测性能。

我们对FTIR原始数据首先进行SNV处理以消除测量误差，再经LASSO回归对模型输入变量进行压缩和特征点提取，最终获得406个特征波数位点。经调试后，BPNN设置为406-50-5-Softmax-5的多层网络结构(用于2个分类预测时输出层节点数为2)，其中归一化指数函数Softmax进行神经元映射，用于多分类结果输出。BPNN训练过程中使用的优化算法为BGD，相关超参数如下：最大训练轮次为650轮，批处理样品量为48个，初始学习率为0.01等，还通过调整分类权重解决分类不均衡问题以提高模型的准确率和查全率。BPNN的训练结果为，将未超标与超标样品的分类权重比设置为3∶2时，模型对训练集样品的AFT超标情况的2个分类预测准确率可达100%，而将不同污染水平5个分类的权重比设为4∶4∶3∶3∶1时，模型对训练集样品的AFT污染水平的预测准确率可达93.19%，且各分类的查全率均可达88.89%以上。

使用验证数据集对模型进行100次随机验证的结果显示，AFT超标情况的平均预测准确率为95.53%，最高准确率可达100%，而AFT污染水平的多分类预测平均准确率为84.91%，最高准确率为97.56%，对5类污染水平样品均能较为准确地识别。以上结果显示，通过BPNN训练建立的通过FTIR快速识别AFT污染花生油的模型，对于样品的AFT超标、污染水平均可准确预测，且随机验证也表明，当模型识别多组随机样品时稳定性较好。

## 参考文献


[1] Sun T, Ling F. Prediction method of wheat moisture content in the hot air drying process based on backpropagation neural network optimized by genetic algorithms[J]. Journal of Food Processing and Preservation, 2022, 46(6): e16565.

[2] 朱凯阳，任广跃，段续，等. 基于BP神经网络预测红外-喷动干燥带壳鲜花生水分比[J]. 食品科学，2022，43(11)：9-18.

[3] Xu L, Mei X, Chang J, et al. Rapid assessment of quality changes in french fries during deep-frying based on FTIR spectroscopy combined with artificial neural network[J]. Journal of Oleo Science, 2021, 70(10): 1373-1380.

[4] Kuang J, Luo N, Hao Z, et al. NI-Raman spectroscopy combined with BP-AdaBoost neural network for adulteration detection of soybean oil in camellia oil[J]. Journal of Food Measurement and Characterization, 2022, 16(4): 3208-3215.

[5] Yang B, Zhang C, Zhang X, et al. Survey of aflatoxin B1 and heavy metal contamination in peanut and peanut soil in China during 2017—2018[J]. Food Control, 2020, 118: 107372.

[6] 左倩倩，孙金梦，王倩玉，等. 基于近红外光谱的掺伪花生油鉴别模型优化[J]. 食品工业，2019，40(4): 318-322.

[7] Santis B D, Debegnach F, Gregori E, et al. Development of a LC-MS/MS method for the multi-mycotoxin determination in composite cereal-based samples[J]. Toxins, 2017, 9(5): 169.

[8] Zhang H, Wang B. Fate of deoxynivalenol and deoxynivalenol-3-glucoside during wheat milling and Chinese steamed bread processing[J]. Food Control, 2014, 44: 86-91.

[9] Aykas D P, Menevseoglu A. A rapid method to detect green pea and peanut adulteration in pistachio by using portable FT-MIR and FT-NIR spectroscopy combined with chemometrics[J]. Food Control, 2021, 121: 107670.

[10] Pereira S N G, Lima A B S D, Oliveira T D F, et al. Non-destructive detection of soybean oil addition in babassu oil by MIR spectroscopy and chemometrics[J]. LWT, 2022, 154: 112857.

[11] Mcneish D M. Using LASSO for predictor selection and to assuage overfitting: a method long overlooked in behavioral sciences[J]. Multivariate Behavioral Research, 2015, 50(5): 471-484.

[12] Yarkoni T, Westfall J. Choosing prediction over explanation in psychology: lessons from machine learning[J]. Perspectives on Psychological Science, 2017, 12(6): 1100-1122.

[13] Tibshirani R. Regression shrinkage and selection via the lasso: a retrospective[J]. Journal of the Royal Statistical Society Series B: Statistical Methodology, 2011, 73(3): 273-282.

[14] Belen-Garcia A. The use of data mining techniques to discover knowledge from animal and food data: examples related to the cattle industry[J]. Trends in Food Science & Technology, 2013, 29(2): 151-157.

[15] Niu B, Zhang H, Zhou G, et al. Safety risk assessment and early warning of chemical contamination in vegetable oil[J]. Food Control, 2021, 125: 107970.

[16] Li W, Pires S M, Liu Z, et al. Surveillance of foodborne disease outbreaks in China, 2003—2017 [J]. Food Control, 2020, 118: 107359.

[17] Kyung-Min L, Davis J, Herrman T J, et al. An empirical evaluation of three vibrational spectroscopic methods for detection of aflatoxins in maize[J]. Food Chemistry, 2015, 173: 629-639.

[18] Shen F, Wu Q, Shao X, et al. Non-destructive and rapid evaluation of aflatoxins in brown rice by using near-infrared and mid-infrared spectroscopic techniques[J]. Journal of Food Science and Technology, 2018, 55(3): 1175-1184.

[19] Jaiswal P, Jha S N, Kaur J, et al. Detection of aflatoxin M1 in milk using spectroscopy and multivariate analyses[J]. Food Chemistry, 2018, 238: 209-214.

[20] Lin Y, Ma J, Wang Q, et al. Applications of machine learning techniques for enhancing nondestructive food quality and safety detection[J]. Critical Reviews in Food Science and Nutrition, 2023, 63 (12): 1649-1669.

[21] Saha D, Manickavasagan A. Machine learning techniques for analysis of hyperspectral images to determine quality of food products: a review[J]. Current Research in Food Science, 2021, 4: 28-44.

[22] Deng L, Han Z. Image features and DUS testing traits for peanut pod variety identification and pedigree analysis[J]. Journal of the Science of Food and Agriculture, 2019, 99(5): 2572-2578.

[23] Yang Y, Zhang Y, He C, et al. Rapid screen of aflatoxin-contaminated peanut oil using fourier transform infrared spectroscopy combined with multivariate decision tree[J]. International Journal of Food Science & Technology, 2018, 53(10): 2386-2393.

# 第7章　基于NBC模型的AFT迁移风险预警方法

贝叶斯分类方法可以整合先验数据和样品信息，解决多因素之间的非线性关系，朴素贝叶斯分类（naive Bayes classification，NBC）算法是经典的贝叶斯分类算法之一，算法结构简单且计算效率高，只需要根据少量的训练数据便可估计必要的参数。[1-2]

农作物被低水平的AFT污染几乎无法避免，但异常天气、有利于AFT产生的环境条件、不合理的收获和储运方式会增加AFT的含量，导致人类暴露于较高剂量的毒素而危害健康。[3]油料作物如花生、玉米、杏仁、棉籽、榛子和核桃，在收获前后经常受到AFT的污染并且由于AFT良好的亲脂性，在加工过程中容易进入生产的植物油中。[4]花生油因其营养、风味而被广泛应用，然而花生在收获前后容易受到霉菌的感染并发生AFT污染，使得花生油也可能在加工过程中受到污染，相关食品安全问题也引起了全球公共卫生界的关注。[5-6]花生粕是生产花生油的副产品，富含蛋白质、花生纤维、矿物质、维生素、花生多酚等，蛋白质含量达47%～55%，生物素含量可达1.79 mg/kg。[7-8]我国是世界上最大的花生生产国，其中50%～60%的花生用于榨油，每年可产生数百万吨花生粕，然而花生粕高温压制导致蛋白质变性、氨基酸含量不平衡和AFT污染等问题，导致大量花生粕仅被用作动物饲料甚至肥料造成资源浪费。[9-10]

因此，我们主要关注花生原料在存在AFT污染的情况下用作油料，在加工花生油以及产生的油粕中AFT的迁移情况，结合NBC方法将原料与产品、副产品间AFT的污染情况建立联系，预测生产加工过程中风险迁移的情况，作为风险预警帮助预防此类食品安全问题。

## 7.1　朴素贝叶斯分类模型的基本原理

贝叶斯定理是一种整合先验数据和样品信息以推断后验概率的方法。该方法假定$E$是一组随机事件，$A$是$E$中的某个事件，$B_1,B_2,\cdots,B_n$与$E$中的其他事件不兼容，贝叶斯统计的定义如下：

$$P(B_i \mid A)=\frac{P(B_i)P(A \mid B_i)}{\sum_{j=1}^{n} P(B_j)P(A \mid B_j)} \tag{7.1}$$

式中，$P(B_i|A)$是后验概率，$P(B_i)$是先验概率，$P(A|B_i)$是条件概率，且$P(A_i|B)P(B_i)>0(i=1,2,\cdots,n)$。上述过程虽然简单，但应用于现实问题中则局限较多，主要是条件概率$P(A|B_i)$涉及关于$A$的所有属性的联合概率，因此直接根据事件出现的频率来估计将存在很

大困难，在实际问题中，训练样品是有限的，无法包括所有可能的状态，直接用频率估计 $P(A|B_i)$ 可能会将未出现过的情况直接等同于概率为0。为了避免此类问题，NBC采用"属性条件独立假设"(attribute conditional independence assumption)，对已知类别假设所有属性相互独立，即每个属性各自独立地对分类结果产生影响，则有

$$P(c \mid x) = \frac{P(c)P(x \mid c)}{P(x)} = \frac{P(c)}{P(x)}\prod_{i=1}^{d} P(x_i \mid c) \tag{7.2}$$

式中，$d$ 为属性个数，$x_i$ 表示 $x$ 在第 $i$ 个属性上的取值，$P(x)$ 由样品集确定且对所有类别均相同，于是可将NBC模型表达为

$$h_{\text{nb}}(x) = \arg\max_{c\in y} P(c)\prod_{i=1}^{d} P(x_i \mid c) \tag{7.3}$$

模型训练过程中是基于训练集 $D$ 来估计先验概率 $P(c)$ 的，并估计条件概率 $P(x_i/c)$，用 $D_c$ 表示训练集中第 $c$ 类样品的集合，在有充足独立同分布样品的情况下，先验概率可表示为

$$P(c) = |D_c|/|D| \tag{7.4}$$

对于离散属性，使用 $D_{c,x_i}$ 表示 $D_c$ 中第 $i$ 个属性上取值为 $x_i$ 的样品集合，则条件概率可表示为

$$P(x_i \mid c) = |D_{c,x_i}|/|D| \tag{7.5}$$

对于连续属性，则假定

$$P(x_i \mid c) \sim N(\mu_{c,i}, \sigma_{c,i}^2) \tag{7.6}$$

式中，$\mu_{c,i}$ 和 $\sigma_{c,i}^2$ 分别为第 $c$ 类样品在属性 $i$ 上的均值与方差(假定连续变量服从正态分布)，则条件概率为

$$P(x_i \mid c) = 1/\sqrt{2\pi}\,\sigma_{c,i}\exp\{-(x_i - \mu_{c,i})2/2\sigma_{c,i}^2\} \tag{7.7}$$

对于给定的训练集 $D$，以本研究中AFT污染超标情况的2个分类为例，所有在训练集中出现的属性 $x_i$ 均属于 $X$，则先验概率为

$$P(c=1) = |D_{c=1}|/|D|P(c=2) = |D_{c=2}|/|D| \tag{7.8}$$

各属性的条件概率，以 $x_1$ 为例可表示为

$$P_{x_1|c=1} = P(x_1 \mid c=1) = |D_{c,x_1}|/|D_{c=1}| \tag{7.9}$$

$$P_{x_1|c=2} = P(x_1 \mid c=2) = |D_{c,x_1}|/|D_{c=2}| \tag{7.10}$$

当 $x_i$ 为连续性变量时，则利用不同类别中该属性的样品均值与方差来估计真实的不同类别中该属性的正态分布对应的参数，求出对应的密度函数，计算出所有属性对所有可能的类别的条件概率[式(7.7)]。根据上述举例，最终后验概率 $P(c|x)$ 可表示为

$$P(c=1 \mid x) = P(c=1)P_{x_1|c=1}\cdots P_{x_i|c=1} \tag{7.11}$$

$$P(c=2 \mid x) = P(c=2)P_{x_1|c=2}\cdots P_{x_i|c=2} \tag{7.12}$$

式中，$P(c=1|x)$ 和 $P(c=2|x)$ 中结果较大者的对应分类为模型对样品的最终分类结果。此外，为了避免样品的某些属性被训练集中未出现过的属性抹去，导致后验概率为0，在估计概率值时应进行"平滑处理"，即"拉普拉斯修正"(Laplacian correction)：

$$\hat{P}(c) = |D_c|/|D| \rightarrow |D_c|+1/|D|+N \tag{7.13}$$

$$\hat{P}(x_i \mid c) = |D_{c,x_i}|/|D| \rightarrow |D_{c,x_i}|+1/|D|+N_i \tag{7.14}$$

式中，$N$ 表示训练集 $D$ 中可能的类别数，$N_i$ 表示第 $i$ 个属性可能的取值个数。经修正后，避

免了训练集样品不充分导致后验概率估值为 0 的问题，并且随着训练集样品的不断增加，修正过程带来的影响逐渐减小，使得估值趋向于真实概率。

## 7.2　风险预警模型的建立与验证

### 7.2.1　花生原料与花生油、花生粕中 AFT 的污染情况

我们通过人工模拟污染诱导霉变的方式，获得了 180 份不同污染程度的花生原料样品，经处理提取花生油、获得副产品花生粕，也分别有 180 份花生油和花生粕样品，检测各样品的 AFT 含量，样品的 AFT 污染情况见表 7.1。结果可见，花生粕中 AFT 平均含量和最高含量均最高，其次是花生原料。样品中 AFT 的检出率显示，花生原料和花生粕中的检出率一致均为 99.44%(179/180)，而花生油中的 AFT 检出率为 91.67%(165/180)。根据限量标准(20 μg/kg)，则花生粕的 AFT 超标率最高，达到 93.89%(169/180)，其次为花生原料超标率，为 88.89%(160/180)，花生油的 AFT 超标率最低，为 53.89%(97/180)。根据以上结果可知，花生原料发生霉变和受 AFT 污染后，在加工生产花生油的过程中会发生 AFT 迁移，最终获得的花生油和花生粕中均可能存在 AFT 污染。其中，花生粕受原料影响更明显，受污染的花生原料获取的花生粕全部存在 AFT 污染情况，且 AFT 平均含量、最高含量、超标率都更高，而花生油中 AFT 的污染水平受原料的影响更小，AFT 平均含量、最高含量、检出率、超标率均低于花生原料。

**表 7.1　各组样品的 AFT 污染情况**

| 样品类型 | 平均含量 (μg/kg) | 检出率 | 最低至最高含量 (μg/kg) | 超标率 |
|---|---|---|---|---|
| 花生原料 | 263.51 | 99.44% | 0～1270.3 | 88.89% |
| 花生油 | 60.21 | 91.67% | 0～249.44 | 53.89% |
| 花生粕 | 322.91 | 99.44% | 0～1897.63 | 93.89% |

### 7.2.2　花生原料与花生油、花生粕中 AFT 污染水平的线性相关性

图 7.1 中的结果显示，花生原料与花生油中 AFT 含量的相关性较低($R^2=0.9021$)，而与花生粕中 AFT 含量的相关性更高($R^2=0.9802$)。相关研究指出，与压榨法相比，我们使用的有机溶剂浸提法，可使 AFT 污染更难迁移至花生油中。并且花生原料在提取花生油的过程中，要经粉碎、浸提、旋蒸和脱水等步骤，经过多个步骤处理后，AFT 污染的迁移可能受这些因素的影响，存在一定的随机性，而花生粕中的 AFT 污染则可以看作花生原料的污染残留。以上情况也说明，根据线性回归模型可能难以预测花生经加工后 AFT 迁移至花生油中的情况，以及判断花生油 AFT 含量是否超标，但 AFT 残留于花生粕中的情况与花生原料

中 AFT 水平线性相关性较好，线性回归模型或许可以用于预测花生加工后 AFT 在花生粕中的残留情况。

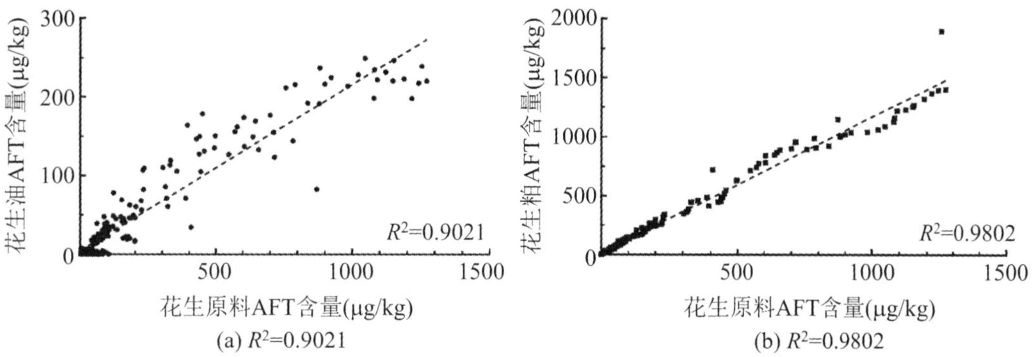


**图 7.1　花生原料与花生油、花生粕中 AFT 污染水平的线性相关性**

## 7.2.3　数据集的划分和数据标签的分类统计

根据限量标准对样品数据进行分类，花生原料、花生油和花生粕样品的数据标签分类统计情况见表 7.2。本研究中对样品数据的分类依据是 AFT 含量是否超过限量标准，即使用 NBC 模型预测样品分别属于 2 个分类的概率，用以预测样品的 AFT 污染风险。由表 7.2 可知，各组样品属于“Ⅰ”和“Ⅱ”类的样品数量均不一致，因此在划分数据集时不仅要按照 80%作为训练集和 20%作为验证集的比例，还需要设置 2 个分类的数据平衡取样，保证训练集和验证集中均包含足够的 AFT 超标和未超标的样品数据。

**表 7.2　各组样品的分类统计**

| 样　品　类　型 | | 花生原料 | 花生油 | 花生粕 |
|---|---|---|---|---|
| 数据标签 | Ⅰ（未超标样品） | 20 | 83 | 11 |
| | Ⅱ（超标样品） | 160 | 97 | 169 |

## 7.2.4　基于朴素贝叶斯的风险预警模型建立和验证

在模型的建立和验证过程中，我们采用随机交叉验证的方法。即进行一轮模型建立和验证前，对于总数据集进行一次划分，随机划分出训练集（80%）和验证集数据（20%），随后使用训练集建立 NBC 模型，使用验证集验证模型预测的准确率和查全率。随机运行上述方法 100 次，记录每一次验证结果并计算平均准确率，结合混淆矩阵评价模型的分类预测性能。模型准确率、查全率等计算方式以及混淆矩阵表示形式如前文所述。在模型拟合过程中，将特征属性（AFT 含量）看作符合正态分布的连续变量，因此计算了式（7.7）中所述特征属性的均值 $\mu$ 和标准差 $\sigma$。

基于花生原料的AFT污染情况预测花生油、花生粕中AFT污染的NBC模型，交叉验证的结果如图7.2所示。将花生原料AFT含量作为符合正态分布的连续变量，建立NBC模型预测花生油中AFT污染是否超标，其中分类“Ⅰ”的均值$\mu$为44.22，标准差$\sigma$为6.09；分类“Ⅱ”的均值$\mu$为458.9，标准差$\sigma$为19.11。对于花生油中AFT超标的预测，交叉验证的结果[图7.2(a)]显示，平均准确率为84.95%，最高准确率达到94.59%，最低准确率则为70.27%。在预测花生粕中AFT的污染情况时，分类“Ⅰ”的均值$\mu$为7.96，标准差$\sigma$为2.2；分类“Ⅱ”的均值$\mu$为285.13，标准差$\sigma$为18.73。交叉验证的结果[图7.2(b)]显示，平均准确率达97.76%且最高准确率可达100%，最低准确率也达到了91.89%。但是两种污染风险的预测模式在交叉验证时准确率分布情况存在差异，当预测花生油污染风险时，模型在运行过程中准确率分布比较随机，可能是因为在交叉验证过程中每次选取的训练集样品存在差异，部分样品与其他样品的原料、花生油的AFT污染情况差异比较大，影响了模型的准确率。而预测花生粕的污染风险时，模型的预测准确率整体保持在较高的水平，且具体的分布情况显示，交叉验证结果在几个固定的准确率上变化，这可能与花生粕中AFT的污染情况及原料的线性相关性较高有关，对于确定样品模型预测的准确率也比较稳定。

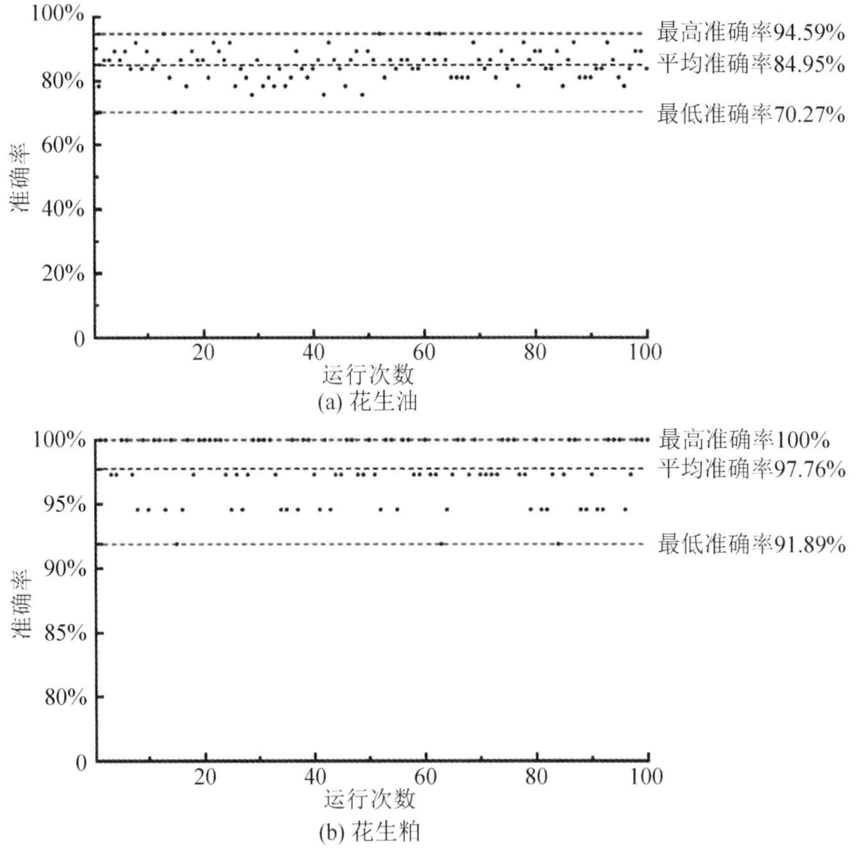


**图7.2 基于花生原料AFT污染情况预测花生油和花生粕中AFT污染的交叉验证结果**

根据NBC模型预测花生油AFT污染风险的结果，选取其中准确率最高和最低的结果，其输出结果的混淆矩阵见表7.3。在准确率最高的情况下，对于花生油中AFT污染水平的预测比较准确，错误数量很少，在准确率最低的情况下，存在将部分未超标样品预测为AFT

污染超标的情况，而对于AFT超标的花生油则能继续保持80%的查全率。以上结果均表明，对于AFT污染的花生原料，经加工生产花生油和产生的副产品花生粕中AFT污染迁移的风险预警，使用NBC模型可以较为准确地预测，在实际工作中可以用于预测产品的安全性，防控AFT污染迁移造成的食品安全问题。

**表7.3　基于花生原料AFT污染情况预测花生油AFT污染的混淆矩阵**

| | | 真实结果 | | | |
|---|---|---|---|---|---|
| | | 最高准确率94.59% | | 最低准确率70.27% | |
| | | Ⅰ | Ⅱ | Ⅰ | Ⅱ |
| 预测结果 | Ⅰ | 16 | 1 | 10 | 4 |
| | Ⅱ | 1 | 19 | 7 | 16 |
| 查全率 | | 94.12% | 95% | 58.82% | 80% |

此外，在食品安全监管工作中，通常会首先在产品中发现AFT污染超标的情况，需要进一步对污染来源进行追溯，确定毒素等危害物质是来自原材料，还是在生产加工过程中由其他途径污染。因此，我们基于花生油、花生粕的AFT污染超标情况预测花生原料的AFT污染情况，在实际生产中使用NBC模型的预测结果与原料样品的复检结果进行对比，可以帮助判定污染的来源。基于花生油、花生粕的AFT污染情况预测花生原料AFT污染情况的NBC模型的交叉验证结果如图7.3所示。将花生油AFT含量作为符合正态分布的连续变量，建立NBC模型预测花生原料中的AFT污染是否超标，其中分类"Ⅰ"的均值$\mu$为2.48，标准差$\sigma$为1.77；分类"Ⅱ"的均值$\mu$为70.44，标准差$\sigma$为8.81。交叉验证的结果[图7.3(a)]显示，平均准确率为72.31%，最高准确率达88.89%，最低准确率则为50%。基于花生粕中的AFT污染情况预测花生原料的AFT污染情况时，分类"Ⅰ"的均值$\mu$为18.76，标准差$\sigma$为3.29；分类"Ⅱ"的均值$\mu$为368.39，标准差$\sigma$为20.34。交叉验证的结果[图7.3(b)]显示，平均准确率达92.54%，最高准确率达100%，最低准确率为83.78%。但是对比两种预测模式的交叉验证准确率分布情况可见，基于花生油的AFT污染情况预测原料的AFT污染是否超标时，交叉验证的准确率在比较大的范围内波动，大多数验证结果的准确率可以保持在70%左右及以上，但是少数结果的准确率下降比较明显，处于60%及以下水平。而基于花生粕的AFT污染情况预测原料的AFT污染风险时，模型的准确率波动幅度很小，同样是在几个固定的准确率上随机变化，这种比较稳定的情况可能还是由于二者AFT污染水平的线性相关性比较高。

根据NBC模型基于花生油的AFT污染情况预测花生原料AFT污染风险的结果，选取其中准确率最高和最低的结果，其输出结果的混淆矩阵见表7.4。在准确率最高的情况下，对于花生原料AFT污染超标样品的查全率可达100%，但存在将部分AFT未超标的花生原料预测为超标的情况，在准确率最低的情况下，模型对未超标样品的查全率下降幅度较大，仅为28.57%，而对于AFT超标的花生油则还能保持64%左右的准确率。以上结果表明，在已知花生油、花生粕AFT污染水平的情况下，可以利用NBC模型预测花生原料中AFT的污染情况，结合原料的实际检测结果，可以分析和判定AFT污染是否来源自花生原料，以起到风险溯源的作用，但基于当前的数据集的交叉验证结果，模型的准确率还可以通过引入更多样品数据进一步提高。

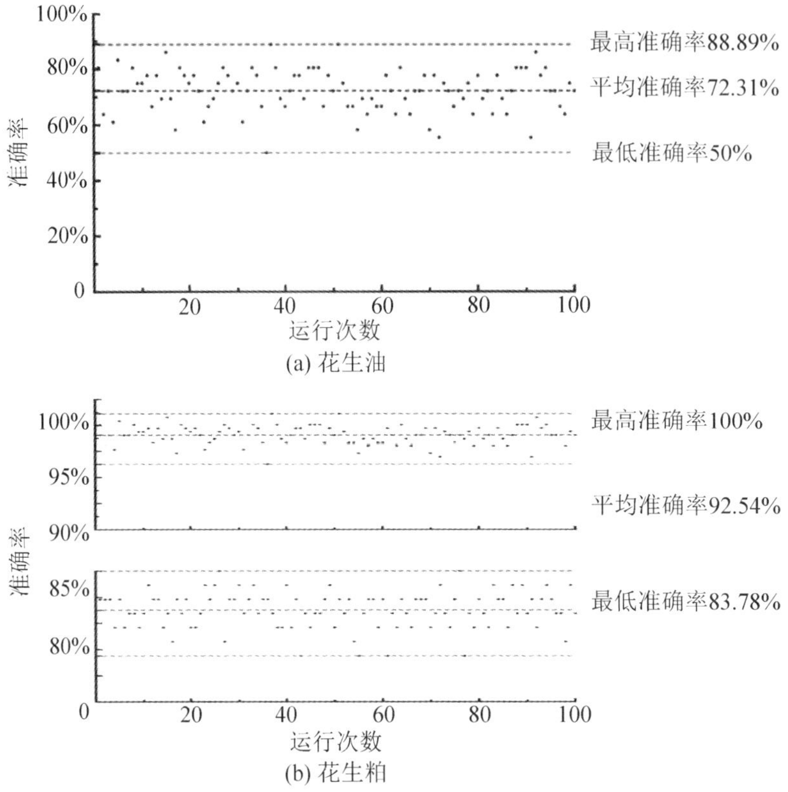


**图 7.3　基于花生油和花生粕的 AFT 污染情况预测花生原料 AFT 污染的交叉验证结果**

**表 7.4　基于花生油的 AFT 污染情况预测花生原料 AFT 污染的混淆矩阵**

| | | 真实结果 | | | |
|---|---|---|---|---|---|
| | | 最高准确率 88.89% | | 最低准确率 50% | |
| | | Ⅰ | Ⅱ | Ⅰ | Ⅱ |
| 预测结果 | Ⅰ | 10 | 0 | 4 | 8 |
| | Ⅱ | 4 | 22 | 10 | 14 |
| 查全率 | | 71.42% | 100% | 28.57% | 63.64% |

# 7.3　结果分析与讨论

花生作为重要的油料作物,每年产出的花生大部分用于榨取花生食用油,由于花生是最易被黄曲霉感染继而含有 AFT 的农产品,因此花生油中的 AFT 污染问题不容忽视。而花生粕是花生榨油后的副产物,每年产量达 400 多万吨,花生粕富含蛋白质,和大豆蛋白相比,含胃肠胀气因子和抗营养因子更少,是优质蛋白原料并广泛应用于饲料、花生蛋白粉以及蛋白肽等的生产。[11]但花生粕的 AFT 污染比较严重,制约了其加工利用,有研究报道植物油饼粕中 AFB1 超标率可达 10%，而用作饲料原料的花生粕 AFB1 检出率在某些时段甚至可达 100%，使用这些被污染的花生粕无论是加工食品还是动物饲料，都可能会产生食品安全问题，危害消费者的身体健康。[12] 本研究中，在 180 份花生原料的 AFT 检出率和超标率分别为 99.44%和 88.89%的情况下，花生油中 AFT 的检出率为 91.67%，超标率为53.89%，花生粕中的 AFT 检出率同样为 99.44%，且 AFT 超标率更高，达到了 93.89%。由此可见，在花生已被 AFT 污染的情况下，用其加工的花生油出现 AFT 污染以及超过限量标准的可能性很高，而产生的副产品花生粕中 AFT 污染的情况则会更加严重，食用此类花生油和使用该批次花生粕加工食品或动物饲料，都有较高的食品安全风险。

但将本研究中样品的 AFT 危害迁移情况与相关文献对比可知，本研究中 AFT 的主要迁移情况是残留于花生粕中较多而迁移到花生油中较少，且花生原料与花生粕中的 AFT 含量呈较好的线性关系，与文献报道中的情况相比，本研究中的花生油 AFT 含量则较低。[13] 这可能与本研究中所采用的花生油提取方法有关，由于在实验室条件下对较少量的花生通过压榨法提取花生油存在难度，本研究使用有机溶剂浸提法提取花生油，但有研究报道，在各种花生油提取方法中，同批次原材料经浸提法提取的花生油，其 AFT 含量仅高于经工业化热压和精提的样品，其 AFT 含量控制效果好于普通压榨法提取的花生油。[14] 此种情况说明，探究花生油加工过程中的 AFT 迁移风险，还可引入加工条件、工艺等因素进一步完善预测模型。

分类型机器学习算法通过构建模型对数据进行分类，学习数据在构建模型的过程中起着重要的作用，基于样品数据量的差异，支持向量机、NBC 和神经网络模型被广泛应用于非线性问题的预测。[15] 其中，NBC 在各领域风险预测和评估中的应用如下：采用一种机器学习的新方法预测与 COVID-19 相关的风险，使用随机森林和 NBC 根据传感器帮助收集的数据进行预测，结果显示，随机森林的模型准确度为 97%，而 NBC 模型的准确度可达 99%，该方法可以减少特定群体受疾病的影响[16]；有医学领域的研究人员开发基于协同效应的 NBC 检测器，在交叉验证下能够很好地检测出帕金森病的风险，检测准确率为 78.97%[17]。在环境检测和食品安全领域的应用案例如下：利用贝叶斯分类统计方法的优势建立了水稻镉元素(Cd)污染风险预警模型，模型参数的敏感性分析表明，样品量和标准差影响模型的准确率和适用范围，通过在先验数据中加入后验数据，对模型进行自我更新可提高模型的准确率，该方法还可用于预测相似土壤环境、耕作方式和水稻品种条件下水稻籽粒 Cd 污染的风险概率。

当前，对被 AFT 污染的花生原料在加工生产花生油、花生食品或动物饲料的过程中危害迁移风险的研究比较少，多数研究主要关注 AFT 迁移的相关机理、优化加工工艺、污染情况调查等方面，还未对这一过程中 AFT 污染迁移风险的预警方法进行深入研究。本研究受环境、医学等领域相关研究的启发，尝试基于 NBC 模型对花生原料被 AFT 污染的情况下，预测使用此原料加工的花生油及产生的花生粕中 AFT 污染超标的概率，输出模型的分类结果用于提示可能存在的食品安全风险。NBC 模型的交叉验证结果也表明，模型可以比较准确地预测花生油、花生粕中 AFT 污染超标的情况，是有效的 AFT 迁移风险预警方法。同时，考虑在食品安全监管过程中，对于最终产品中出现的 AFT 污染，有必要对风险进行来源追溯，因此我们还使用 NBC 模型，基于花生油或花生粕中的 AFT 污染水平，预测花生原料可能的 AFT 污染情况，结合模型预测结果和原料复检结果，可用于判断污染源是来自原料，还是来自加工生产过程中的其他环节，或者有可能是除花生以外的其他原料导致的 AFT 污染。我们使用NBC模型对AFT污染进行风险溯源时，基于花生粕AFT污染情况预测花生原料AFT污染时准确率更高，这可能与二者之间的线性关系更强有关，基于花生油AFT污染情况对原料AFT污染进行预测时，交叉验证的结果表明平均准确率良好，但是波动幅度较大，存在将部分未超标的原料预测为AFT污染超标的情况，这些结果表明NBC模型具备对花生油等产品中AFT污染风险进行溯源的潜力，但还可以结合更多的训练数据进一步提高模型的准确率。

## 章末小结

通过收集同批次被AFT污染的花生原料，经处理加工获得花生油和副产品花生粕，将原料中的AFT含量作为连续变量，基于NBC模型建立一种预测花生经加工后AFT污染迁移风险的预警方法。180份花生原料样品的平均AFT含量为263.51 μg/kg，其中最高为1270.3 μg/kg，AFT检出率和超标率分别为99.44%和88.89%；花生油样品的平均AFT含量为60.21 μg/kg，最高为249.44 μg/kg，AFT检出率为91.67%，超标率为53.89%；花生粕样品的平均AFT含量为322.91 μg/kg，最高为1897.63 μg/kg，AFT的检出率和超标率分别为99.44%和93.89%。花生原料与花生油中AFT含量的相关性较低（$R^2$=0.9021），而与花生粕中AFT含量的相关性较高（$R^2$=0.9802）。上述结果表明，花生原料中的AFT迁移至花生油中的随机性更大，而多数情况下残留于花生粕中，这可能也与本研究中的花生油处理和提取方法有关。

我们建立了NBC模型，预测被AFT污染的花生原料经加工后，花生油、花生粕中的AFT污染情况，交叉验证的结果显示平均准确率分别为84.95%和97.76%，表明建立的NBC模型可以对花生中的AFT污染迁移进行风险预警，用于提高花生食品加工产业链的整体安全性。此外，我们也将NBC模型用于AFT污染的风险溯源，基于花生油、花生粕的AFT污染情况，预测原料中的AFT污染水平，平均准确率分别为72.31%和92.54%，虽然在个别情况下，模型准确率可能出现波动，但仍说明NBC模型具备帮助花生相关食品进行AFT污染风险溯源的潜力，并且还可以结合更多的样品数据进一步提高模型在风险溯源时的准确率。

## 参考文献

[1] Wu B, Guo S, Zhang L, et al. Risk forewarning model for rice grain Cd pollution based on Bayes theory[J]. Science of the Total Environment, 2018, 618: 1343-1349.

[2] Chen H, Hu S, Hua R, et al. Improved naive Bayes classification algorithm for traffic risk management[J]. EURASIP Journal on Advances in Signal Processing, 2021, 2021(1): 30.

[3] Atongbiik A M, Opoku N, Amagloh F K. Aflatoxin contamination in cereals and legumes to reconsider usage as complementary food ingredients for Ghanaian infants: a review[J]. Journal of Nutrition & Intermediary Metabolism, 2017, 10: 1-7.

[4] Mahoney N E, Cheng L W, Palumbo J D. Fate of aflatoxins during almond oil processing[J]. Journal of Food Protection, 2021, 84(1): 106-112.

[5] Yang M, Chen Q, Kutsanedzie F Y H, et al. Portable spectroscopy system determination of acid value in peanut oil based on variables selection algorithms[J]. Measurement, 2017, 103: 179-185.

[6] Ji J, Xie W. Removal of aflatoxin B1 from contaminated peanut oils using magnetic attapulgite[J]. Food Chemistry, 2021, 339: 128072.

[7] Chen Y, Kong Q, Chi C, et al. Biotransformation of aflatoxin B1 and aflatoxin G1 in peanut meal by anaerobic solid fermentation of *Streptococcus thermophilus* and *Lactobacillus delbrueckii* subsp. *bulgaricus*[J]. International Journal of Food Microbiology, 2015, 211: 1-5.

[8] Shen N, Qin Y, Wang Q, et al. Production of succinic acid from sugarcane molasses supplemented with a mixture of corn steep liquor powder and peanut meal as nitrogen sources by *Actinobacillus succinogenes*[J]. Letters in Applied Microbiology, 2015, 60(6): 544-551.

[9] Arrutia F, Binner E, Williams P, et al. Oilseeds beyond oil: press cakes and meals supplying global protein requirements[J]. Trends in Food Science & Technology, 2020, 100: 88-102.

[10] Hariharan S, Patti A, Arora A. Functional proteins from biovalorization of peanut meal: advances in process technology and applications[J]. Plant Foods for Human Nutrition, 2023, 78(1): 13-24.

[11] 朱立飞，曲春娟，唐月异，等. 食用菌发酵花生粕降解黄曲霉毒素 B1 研究[J]. 花生学报，2022，51(4)：70-79.

[12] 高平，黄志伟，赵盼盼. 2015—2018 年 12 种植物性饲料原料中黄曲霉毒素 B1 污染状况调查分析[J]. 粮食与饲料工业，2019(7)：62-64.

[13] 周凯，徐振林，曾庆中，等. 花生(油)中黄曲霉毒素的污染、控制与消除[J]. 中国食品学报，2018，18(6)：229-239.

[14] Sahin K, Bozdogan A, Yasar K, et al. Impact of different extraction processes on aflatoxin contamination in peanut oil[J]. Journal of Food Science and Technology, 2022, 59(7): 2741-2750.

[15] 瞿孝云，肖兴宁，肖英平，等. 基于机器学习的肉鸡沙门氏菌污染风险敏感性分析[J]. 农产品质量与安全，2021(6)：41-46.

[16] Deepa N, Sathya P J, Devi T. Towards applying internet of things and machine learning for the risk prediction of COVID-19 in pandemic situation using naive Bayes classifier for improving accuracy[J]. Materials Today: Proceedings, 2022, 62: 4795-4799.

[17] Pramanik M, Pradhan R, Nandy P, et al. Assessment of acoustic features and machine learning for Parkinson's detection[J]. Journal of Healthcare Engineering, 2021, 20: 9957132.

# 第 8 章 基于改进 CDC 的检测数据原始记录匹配算法

## 8.1 研究背景和意义

随着检测技术的精细化，如何从大量数据中提取有用的信息成为检测数据原始记录文件处理与研究的重点，字符串匹配是常用的方法之一。经过几十年的发展，字符串匹配已广泛用于文本处理[1]、问答系统[2]、生物信息处理[3]等领域。

目前，存在检测报告需人工录入数据的现象，导致检测时间长、易出现偶然性差错等问题，难以满足检测数据分析和管理的要求。字符串匹配作为文本处理的核心，直接影响数据采集的效率。将高效的字符串匹配算法应用于数据处理，是缩短检测时间、减少偶然性差错的有效途径。当检测实验室样品时，检测设备一般都会输出一份或多份实验原始记录文件。在形成检测报告之前，需对这些文件中的部分数据进行匹配和自动提取。由于这些文件一般都具有固定的格式，利用此特点，现有的字符串匹配方法已有一定的应用。但遇到检测数据原始记录中的大文件或多文件时，则存在计算匹配速度慢、占用内存大等不足，难以满足现代数字实验室降本提效管理的需求。提高检测数据原始记录文件中的字符串匹配速度，减少内存占用量，在保证数据匹配准确性的前提下缩短检测时间，尤其是在检测业务量日益增加的形势下，解决实验原始记录文件高效匹配的问题刻不容缓。

字符串匹配，即在任意一个长度为 $m$ 的文本串 T 中，找出一组特定的字符串集合 Pn（Pn 的长度小于 $m$）在 T 中所有出现的位置。[4]在实验原始记录文件中，数据匹配格式以文本为主。根据模式串个数的多少，现有的针对文本文件的字符串匹配算法可分为单模式匹配算法和多模式匹配算法[5]两类。随着人们对单模式匹配的深入研究，现阶段主要利用模式串具有前缀和后缀的特点提升算法性能，如王东宏[6]基于后缀数组的单模式匹配建立的可验证模式串匹配方法可靠性高，同时给出扩展方案实现多模式匹配，提升了匹配速度。之后，又出现了改进 Trie 树的 AC 优化算法[1]、基于 SHIFT 表的 WM 算法[7]、基于跳跃和确认机制的子集 WM 算法[8]等多模式匹配算法来提升匹配速度。然而，这些算法都追求以一个参数适用于所有目标文件，不可避免地会出现匹配速度低、预处理时间长和内存占用大等问题，难以满足高效处理数据的需求。

字符串自适应匹配也是一个研究重点。刘许刚等[9]设定出现频率高且模式串中不包含的 u 为特殊字符对文本进行分段，但对于原始记录等没有高频字符的文件，无法对目标文本进行分段。黄勇等[10]提出在当前窗口匹配完成后，通过提前预览下一窗口基准字符的偏移信息，以期跳过尽可能多的窗口来进行下一轮匹配，但该算法对模式串具有依赖性，且性能不稳定。

面对上述算法预处理时间长、内存占用大、分段困难和模式串依赖大等问题，文献[11]提出一种改进型多模式串匹配算法，通过基准长度分段和哈希算法跳过大量的字符，该方法虽提升了内存占用量，但精确度有所下降。Trivedi[12]提出一种优化的 Aho-Corasick 算法，先将潜在的匹配模式串与输入文本进行比较，多次尝试实现匹配，该方法虽操作性佳，但存在内存占用量大、精确度低等问题。

在数据分块预处理研究中，传统的内容可变长度分块(content-defined chunking, CDC)算法用一个滑动窗口来划分可变长度的数据块，当滑动窗口的 Hash 值与一个基准值相匹配时就创建一个分块，滑动窗口的大小是固定的，其局限性主要体现在系统开销大、耗时长和准确率低等问题。[13]李建江等[14]提出一种改进 CDC 的优化算法，首先让滑动窗口向前滑动，忽略窗口内指纹的计算和取值，直到该数据块的长度等于设定的最小长度，之后比较滑动窗口的指纹值，同时要保证该数据块的最大长度小于设定的最大长度。当达到最大长度时，该数据块仍不能满足分块条件，则在此位置强制分块。该算法滑动窗口移动慢，匹配次数过多，分块效率有待进一步提升。此外，Bjorner 等[15]提出局部最大分块(local maximum chunking, LMC)算法，通过滑动窗口进行分块，滑动窗口由左窗口、局部最大字节和右窗口 3 个部分组成，但算法存在耗时长的缺陷。

## 8.2　原始记录自动抓取

我们发明了基于栅栏因子的通用实验原始记录文件自动抓取技术(图 8.1)。针对实验原始记录文件“当日事当日毕”的管理要求，将时间设置为一个栅栏因子，通过比较文件创建时间和系统时间，初步过滤掉非当日检测数据的原始记录文件。采用完全文件检测(whole file detection, WFD)技术，以文件为颗粒度计算文件的 Hash 值栅栏因子，过滤已读取的文件，防止重复读取文件。[16]

抓取步骤具体描述如下：

① 将原始记录文件保存在 A 文件夹中。

② 将全部文件保存完毕后，启动原始记录文件智能匹配软件。

③ 软件自动读取系统时间，并转换为年月日格式，得到时间栅栏因子。

④ 使用队列结构实现广度优先遍历，先从头部取出母文件名打印并移除，然后把母文件夹下的子文件名添加到队列，这样在遍历的时候，文件名的层级是相同的，从而实现广度优先遍历文件夹，获取文件。

⑤ 通过指定路径文件所对应的 File 对象，提取当前 FileInfo 对象的创建时间，将时间转换为年月日格式。

⑥ 比较文件属性的年月日创建时间与系统年月日时间栅栏因子是否为当日检测所得的原始记录文件。若时间相同，则表示文件为当日检测所得的原始记录文件，按步骤⑦进行 Hash 计算。若时间不同，则表示文件为非当日原始记录文件。

⑦ 将整个文件作为一个颗粒度，利用 SHA-2 Hash 算法计算文件的 Hash 值，得到 Hash 值栅栏因子。

⑧ 比较文件 Hash 值与已储存的 Hash 值栅栏因子是否有重复，其中已储存的 Hash 值

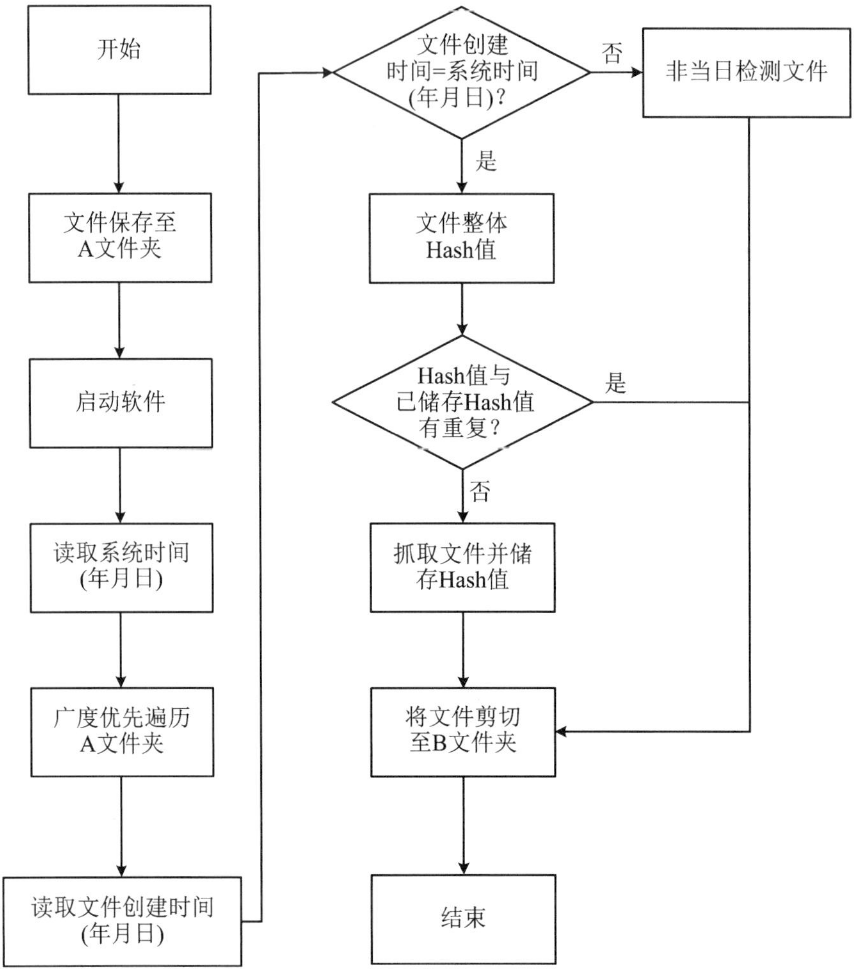


**图 8.1　原始记录自动抓取流程图**

是指每次读取文件所保存的文件 Hash 值。若 Hash 值重复,表示之前已读取过该文件;若 Hash 值不重复,则继续步骤⑨。

⑨ 抓取文件并储存 Hash 值。

⑩ 通过文件搬运的方法,将非当日原始记录文件、重复文件和读取过的文件剪切至 B 文件夹保存,以便后续读取新文件。

该文件抓取技术建立了文件创建时间初筛和文件 Hash 值精筛两项栅栏。在初筛时,能以低计算要求和低计算量的优势过滤全部非当日文件;在精筛时,通过计算文件整体 Hash 值的方法来准确过滤当日已读取文件。

## 8.3　匹配算法

字符串匹配算法分为预处理和匹配两个过程。我们首先改进 CDC 算法对原始记录文件进行分块预处理,再根据数据块 Hash 值、数据块位地址和模式串等构建数据块索引表,使数据块与模式串之间形成映射关系，实现模式串在映射的数据块中进行灵活的字符串匹配。通过引入可变长度分块和建立映射关系，使字符串匹配的效率与效果得到优化。

## 8.3.1　基于改进 CDC 的分块算法

CDC 算法是应用 Rabin 指纹将文件分割成长度、大小不一的分块策略[16]，用一个固定大小的滑动窗口来划分文件，当滑动窗口的 Rabin 指纹值与期望值相匹配时，在该位置划分一个分割点，重复这个过程，直至整个文件被划分，最终文件将按照预先设定的分割点被划分成数据块。

我们根据检测设备输出的原始记录文件有着固定文件格式的特点，通过改进传统的 CDC，设计一种适用于格式固定的文件分块算法，其流程图如图 8.2 所示。

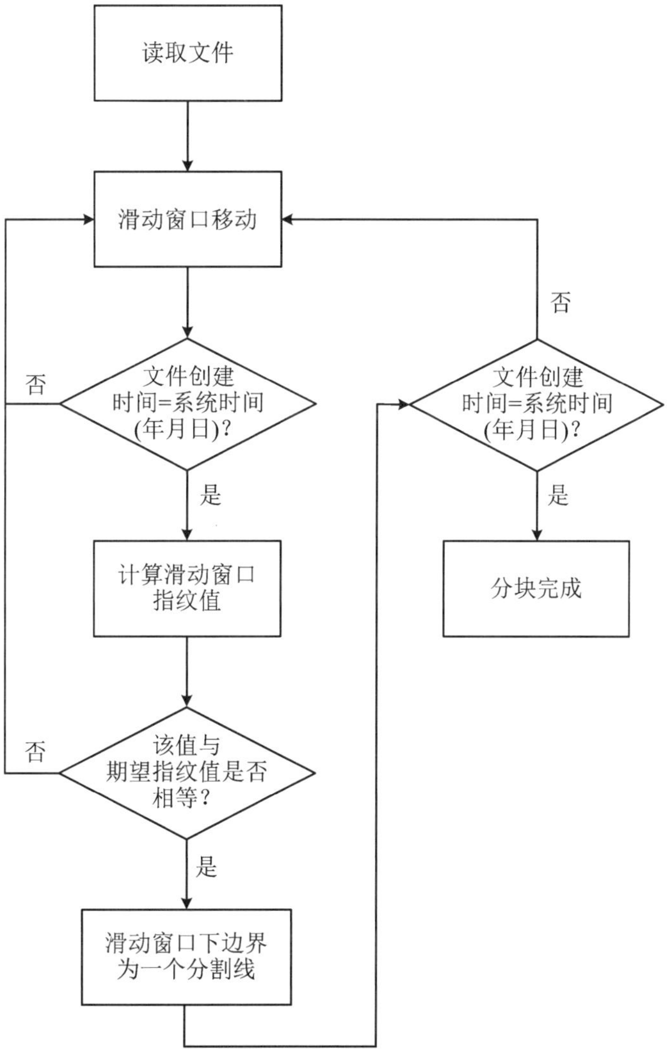


**图 8.2　基于改进 CDC 的分块算法流程**

基于改进 CDC 的分块算法具体实现过程如下：

① 读取已抓取的文件。

② 设定一个大小为 w 的滑动窗口，以行与行间距之和的高度为 1 个单元进行滑动，直至滑动窗口被数据装载完毕。

③ 设定滑动窗口内字节值的大小范围，在滑动窗口被数据装载完后，比较滑动窗口字节大小是否在设定范围内。若是，跳到步骤④；否则，滑动 1 个单位并重复步骤②。

④ 计算其窗口内的 Rabin 指纹值。

⑤ 比较 Rabin 指纹值与循序渐进表中预先设定的滑动窗口期望指纹值。若两值相等，则继续步骤⑥；若两值不相等，重复步骤②并滑动 1 个单位。

⑥ 以滑动窗口下边界作为分割线，对文本进行分割。

⑦ 判断滑动窗口是否抵达文件结尾处，即文件是否分块完毕。若是，则文件分块完成；否则，滑动 1 个单位并重复步骤②。

在此过程中，循序渐进表先设定模式串对应的期望指纹值，根据文本匹配的模式串种类和顺序确定表格匹配顺序。假设第一个模式串对应的期望指纹值为 A，滑动窗口某位置 D 的 Rabin 指纹值为 f，当滑动窗口某位置时，若 fmod D＝A，则将位置 D 的下边界作为一个分割线，创建 1 个分块，以此类推，从而使模式串在数据块前段完成字符串匹配，减少匹配其余文本的操作，从而提高匹配速度。

与传统 CDC 算法相比，该算法有以下改进：

① 设定以行与行间距之和的高度为滑动窗口向下移动的 1 个单位。与传统 CDC 算法根据 1 个字符为单位向右移动相比，本算法可大幅减少匹配次数，缩短分块时间。

② 规定滑动窗口内字节大小的范围，初步过滤掉大部分不符合分割条件的滑动窗口位置。传统 CDC 算法每滑动 1 次滑动窗口，都需要计算 1 次滑动窗口的 Rabin 指纹值，并与设定的期望值进行比较，而本研究是通过减少滑动窗口的 Rabin 指纹值的计算次数，有效降低分块算法的计算量。

③ 制定滑动窗口期望指纹值的循序渐进表。传统 CDC 算法由于设定固定期望值，易将待匹配数据一分为二，分属到 2 个数据块中，导致匹配失败，而本研究算法能更精准地划分文本数据块的大小，有效避免这种情况发生。

## 8.3.2 基于数据块索引的字符串匹配算法

原始记录文件具有文本串 T 大而模式串 Pn 小的特点，使用传统的字符串匹配方法易出现模式串匹配次数多、匹配时间长和计算复杂度高等问题。本研究提出基于数据块索引的字符串匹配优化算法，在文件分块后，首先将数据块的 Hash 值与模式串和数据块位地址组成数据块检索表。然后，模式串通过数据块索引表快速匹配相应的数据块。最后，模式串利用单模式匹配 BF(brute-force)算法与映射的数据块进行字符串匹配，得到字符串匹配结果。数据块索引表见表 8.1。其中，数据块索引表的每条记录都以数据块身份标识号(identity document，ID)作为主键。数据块位地址表示数据实际的物理位置。数据块索引表中还保存着数据块 Hash 值、对应的模式串。所有记录根据数据块 ID 存放在数据块索引表中，以此来保证查找的速度，降低匹配所需的时间。

**表 8.1　数据块索引表**

| ID | Hash 值 | 模式串 | 位地址 |
|---|---|---|---|
| Chunk-1 | Chunk1-Hash | $P_1$ | 1-H |
| Chunk-2 | Chunk2-Hash | $P_2$ | 2-H |
| … | … | … | … |
| Chunk-$n$ | Chunk$n$-Hash | $P_n$ | $n$-H |

模式串与数据块的相互匹配可根据模式串的长短选择适合的单模式匹配算法，以提高匹配效率。当模式串匹配的文本位置较集中时，可将文本划在一个数据块中，将单模式匹配算法转化为多模式进行精准匹配，从而减少分块数量，避免出现过小的分块。通过建立模式串与数据块之间对应的映射关系，从而成功地构建灵活多变的模式串匹配算法。该算法不仅可提高字符串匹配效率，还可适用于不同的原始记录文件。

# 8.4　实验与结果

## 8.4.1　实验环境

实验软件环境包括处理器 Intel Core i7-2670QM CPU@2.20 GHz(4 核)；软件环境包括 Ubuntu 16.04(64 bit)、C 语言、GNU C compiler version 5.4.0 编译器。我们通过内存占用量实验[10]和分块吞吐量对基于改进 CDC 的分块算法进行测试。实验所用仪器和原始记录文件均由深圳海关实验室提供，实验运行时间单位为 ms。

## 8.4.2　内存占用量实验

因为本研究关注的是匹配性能，所以实验比较了分别采用基于改进 CDC 的分块算法、优化 Aho-Corasick 算法[12]和 DKR 算法[11]时所用的内存占用量。实验使用安捷伦液相色谱仪 1290Q(D030202)输出实验原始记录文件，模式串个数分别为 100、200、400、800、1600，单个模式串长度为 2～10。我们使用最大驻留集的大小来表示程序运行中的内存占用量，实验结果如图 8.3 所示。

由图 8.3 可见，当模式串个数较少时，基于改进 CDC 的分块算法在内存占用量方面比优化的 Aho-Corasick 和 DKR 算法有明显优势。对于模式串匹配个数不多的原始记录文件来说，在实际运用中基于改进 CDC 的分块算法在内存占用量上更优，能够降低对设备的硬件要求。

## 8.4.3　分块吞吐量实验

分块吞吐量(chunking throughput)是由处理的数据总量除以处理分块文件所消耗的时间来计算的，即

$$分块吞吐量 = \frac{处理的数据总量}{处理分块文件所消耗的时间}$$

式中,因为本研究关注的是分块性能,所以此时的分母不包括数据读取时间。

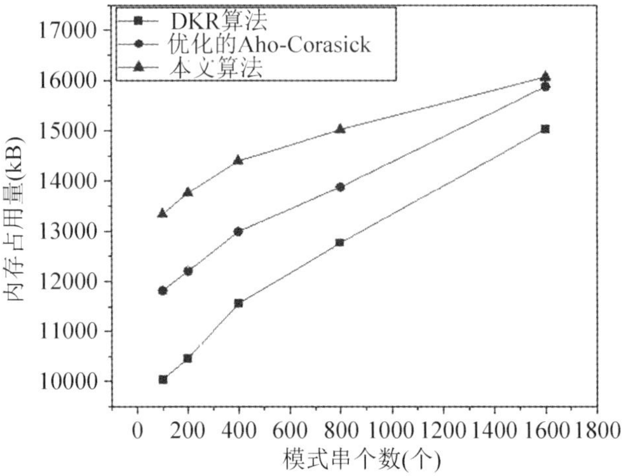


**图 8.3　不同模式串个数对应算法内存占用量**

为分析本实验在分块方面的性能,比较基于改进 CDC 的分块算法、LMC 算法和传统 CDC 算法的分块吞吐量。LMC 算法使用固定的对称窗口和文件的字节值来检测切割点,规避了传统 CDC 算法存在的计算量大的问题。根据深圳海关实验室提供的原始记录文件份数的不同,实验共进行 8 组测试,选择实验原始记录文件数据集共 4 个。为避免因偶然性导致的异常结果,每组匹配测试分别进行 10 次,以 10 次实验结果的平均值对得到的分块吞吐量求平均值。

由图 8.4 可见,本研究提出的基于改进 CDC 的分块算法的分块吞吐量明显高于传统 CDC 算法和 LMC 算法。

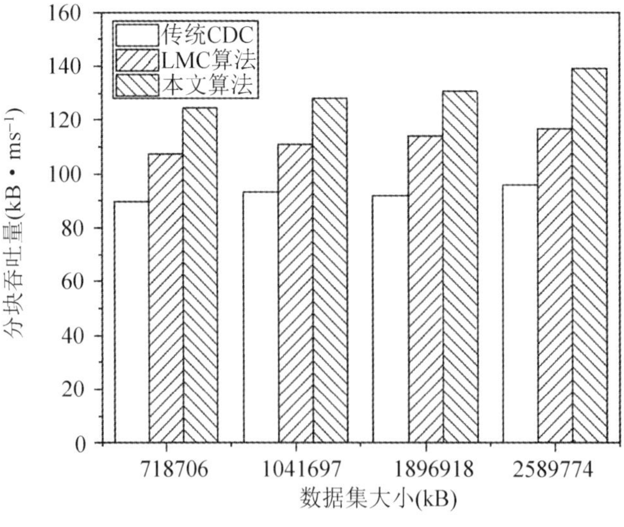


**图 8.4　三种算法分块吞吐量对比**

# 章末小结

我们提出基于改进 CDC 的实验原始记录匹配算法,首先对检测数据原始记录文件进行抓取,然后改进现有的 CDC 算法实现文本分块,最后通过数据块索引表建立模式串与数据块的映射关系,形成了高效灵活的字符串匹配优化算法。该算法在模式串个数较少时,内存占用量少。在分块吞吐量方面,与 DKR 算法和传统 CDC 算法相比,本研究提出的算法提升较为明显。因此,该算法可广泛应用于检测数据原始记录快速处理。

# 参考文献

[1] 陈永杰,吾守尔·斯拉木,于清. 一种基于 Aho-Corasick 算法改进的多模式匹配算法[J]. 现代电子技术,2019,42(4):89-93.

[2] 梁正平,纪震,刘小丽. 基于语义模板的问答系统研究[J]. 深圳大学学报理工版,2007,24(3):281-285.

[3] Wheeler D L, Barrett T, Benson D A, et al. Database resources of the national center for biotechnology information[J]. Nucleic Acids Research,2007,28(1):10-14.

[4] 刘萍,刘燕兵,郭莉,等. 串匹配算法中模式串与文本之间关系的研究[J]. 软件学报,2010,21(7):1503-1514.

[5] 张利香. 基于后缀数组的字符串模式查找的算法[D]. 兰州:西北师范大学,2010.

[6] 王东宏. 基于云端的可验证模式串匹配研究[D]. 深圳:深圳大学,2018.

[7] 夏念,嵩天. 短规则有效的快速多模式匹配算法[J]. 计算机工程与应用,2017,53(7):1-8.

[8] 褚衍杰,李云照,魏强. 一种改进的多模式匹配算法[J]. 西安电子科技大学学报,2014,41(6):174-180.

[9] 刘许刚,黄海,马宏. 一种基于分段匹配的字符串匹配算法[J]. 计算机应用与软件,2012,29(3):128-131.

[10] 黄勇,平玲娣,潘雪增,等. 基于划分的模式匹配改进算法[J]. 大连海事大学学报,2008,34(1):41-44.

[11] 董志鑫,李馨梅. 一种改进的应用于多模式串匹配的 KR 算法[J]. 智能计算机与应用,2018,8(1):116-122.

[12] Trivedi U. An optimized Aho-Corasick multi-pattern matching algorithm for fast pattern matching[C]// The 17th India council international conference(INDICON). Boston:IEEE,2020:1-5.

[13] Viji D, Revathy S. Comparative analysis for content defined chunking algorithms in data deduplication[J]. Webology,2021,18(2):255-268.

[14] 李建江,马占宁,张凯. 一种基于内容分块的层次化去冗优化策略[J]. 电子学报,2019,47(5):1094-1100.

[15] Bjorner N, Andreas B, Gurevich Y. Content-dependent chunking for differential compression, the local maximum approach[J]. Journal of Computer and System Sciences,2010,76(5):154-203.

[16] 敖莉,舒继武,李明强. 重复数据删除技术[J]. 软件学报,2010,21(5):916-929.

# 第9章　口岸食品风险溯源、预警和应急评估模型业务需求

## 9.1　业务需求概述

进口食品的通关监控主业务流程如图9.1所示。

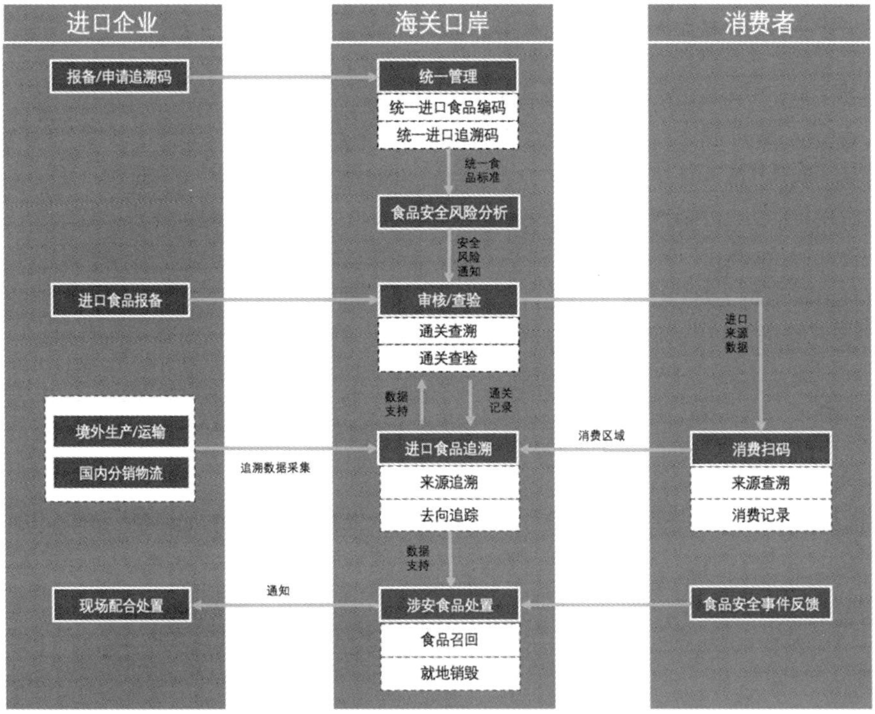


图9.1　进口食品的通关管控主业务流程

结合图9.1,项目需求主要分为以下几大模块:

**1. 进口追溯码统一管理**

追溯码是海关用于统一管理识别每批进口食品来源去向的代码,也即所有进口食品的追溯码只有一次通关效应,不可重复使用。

为确保不同进口食品、不同企业间的追溯码的唯一性,平台需具有追溯码统一管控中心,用于分配、记录、辨识不同进口企业间报备的已通关的及即将要通关的追溯码。

**2. 追溯信息的多渠道收集**

追溯信息主要由进口供销链的相关企业活动产生,从项目需求来看,原则上,进口食品

追溯管控与预警平台不从事生产与追溯作业业务，主要追溯数据需通过多方渠道收集进口追溯信息后，再进行数据比对、合并、输出，可体现进口供销链关键节点的追溯信息，形成完整的可追溯链路数据，其中追溯数据包括：进口食品供销链相关的企业信息、进口食品在进口供销链各关键活动节点的追溯信息。

**3. 进口食品安全风险分析**

进口食品来源国以及食品类型繁多，需对新闻、论坛、博客、新闻评论、搜索引擎等舆情信息进行精准和全面采集。

需依据统一的食品编码标准，将大量不同类型的数据按食品分类、来源国、风险类型等维度进行翻译、清筛、合并。同时，需支持关联风险信息的下钻查询、分析。

需提供分析研判功能，对于常规化的分析模式，可配置形成预警模型，自动按模型规则进行数据比对，生成潜在风险报告，经审核后发布风险通知。

**4. 进口食品在通关查验、查溯环节的数据支撑**

主要分为以下三个方面为海关查验提供数据支撑服务：

① 审核进口食品申报时，提供食品安全风险信息数据支撑服务。

② 在通关查验环节，提供食品查溯与安全风险信息数据支撑服务。

③ 查核食品安全事件时，提供食品追溯与跟踪服务。

# 9.2　系统总体设计

## 9.2.1　系统总体架构设计

本研究系统总体上分为进口食品追溯业务与风险预警业务，简称“1平台＋2系统”，进行业务全覆盖与支撑。

**1. 进口食品追溯管控与预警平台**

平台采用分布式部署方式，通过平台采集承接疫情风险信息以及追溯信息，并进行疫情风险与食品溯源数据联动，支撑进口食品追溯业务以及风险预警业务，支持多终端操作系统：PC端采用B/S框架，移动端支持鸿蒙、安卓、IOS系统。

**2. 进口食品追溯系统**

进口食品追溯系统架构图如图9.2所示。

进口食品追溯系统的主要功能包括：食品编码字典、食品供销链画像、食品追溯查探、供销链追溯信息评估、食品正反向追溯追踪、食品智能追溯报表等。同时，应用区块链技术，实现数据可信同步，保障进口食品追溯管控与预警平台信息安全防篡改。

**3. 进口食品风险预警系统**

进口食品风险预警系统架构图如图9.3所示。

进口食品风险预警系统的主要功能包括：食品安全信息发布、安全信息研判工具、自动分析模型管理、食品安全画像、食品安全智能预警、风险应对决策支持等。依托大数据为进口食品正反追溯、安全分析、安全预警提供线索数据支持及智能预警。

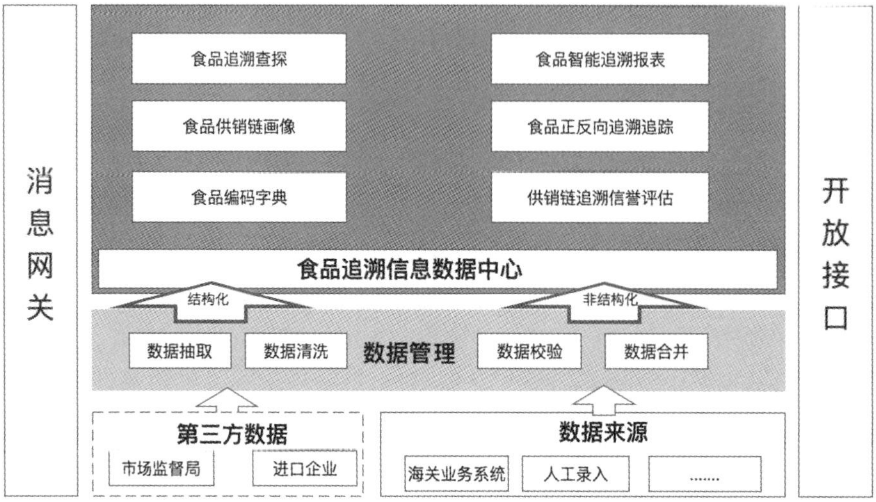


图 9.2　进口食品追溯系统架构图

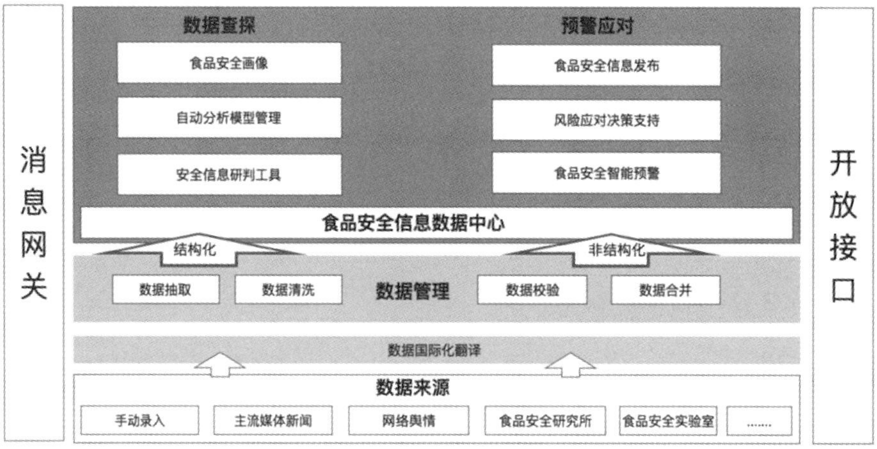


图 9.3　进口食品风险预警系统架构图

## 9.2.2　系统网络拓扑设计

平台需要对互联网公众用户和海关用户提供服务，他们存在互联网、电子口岸专网、对外接入局域网和业务网之间数据交换的需求。

**1. 电子口岸专网**

主要用于面向互联网公众用户的可访问、接入海关对外平台与业务系统的入口网络。

**2. 对外接入局域网**

海关对外提供接入的网络，外部业务数据的对接、采集可通过此网接入。

**3. 业务网**

属于海关内部业务专用网络，数据保密性及安全性要求极高，不对外开放。

平台的网络拓扑结构如图 9.4 所示。

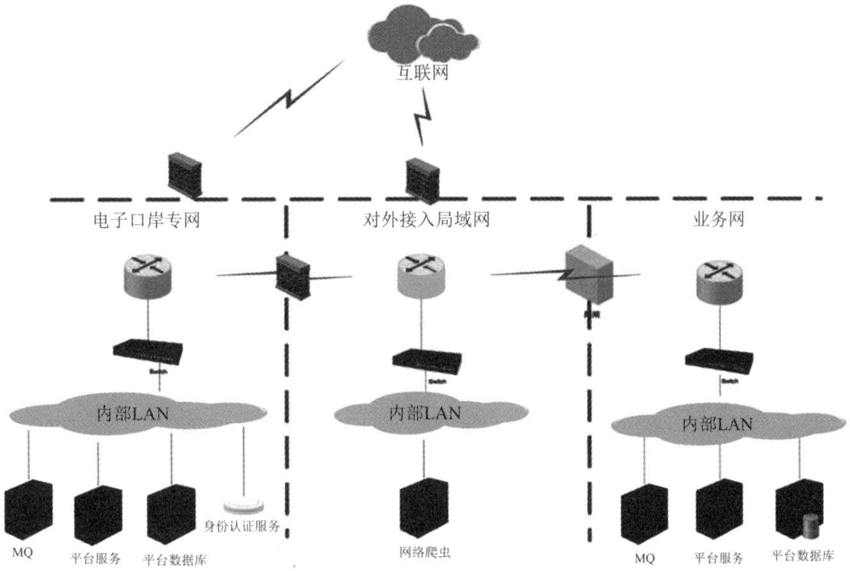


图 9.4　平台网络拓扑结构

服务器功能划分如下：项目主要采用虚拟主机技术，应用上主要分为网络爬虫、MQ、平台服务、平台数据库。其中，网络爬虫主要用于在互联网中爬取食品安全风险信息；平台服务包括业务数据采集、接入、数据通信等数据流转、分发的处理，以及业务数据分析、预警、查询、系统管理等；平台数据库统一对进口食品进行追溯管控，并对预警平台的相关数据、报文和随附单证等进行统一管理和存储。

## 9.2.3　系统技术框架设计

系统技术框架图如图 9.5 所示。

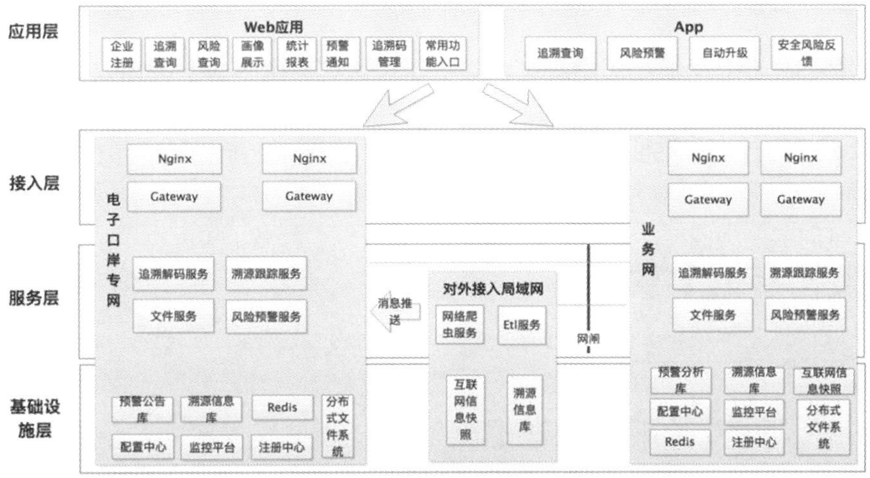


图 9.5　系统技术框架图

**1. 基础设施层**

包含服务基础设施、各种存储中间件、配置中心、监控系统等。

(1) 服务基础设施

主要包含服务注册中心(Eureka)、配置中心(Apollo)。服务启动时自动注册到注册中心供服务消费方调用,服务消费方通过服务发现组件拉取注册中心服务列表,通过客户端负载均衡算法完成服务节点的路由访问。配置中心为应用/服务提供统一配置服务,支持线上配置项热加载,修改线上配置项,无须重启应用/服务。

(2) 存储中间件

非结构化数据采用分布式文件系统(如 FastDFS)存储,会话及业务数据采用分布式缓存系统(如 Redis)存储,预警公告、溯源基础配置信息、第三方企业同步数据采用关系型数据库(如 MySQL/Oracle)存储,互联网抓取数据、溯源信息等采用 NoSQL(如 MongoDB)存储。

**2. 服务层**

服务层分业务服务与基础服务,业务服务包含追溯解码服务、溯源跟踪服务、风险预警服务、网络爬虫服务、ETL (extract、transform、load,即抽取、转换、加载)服务等。基础服务包含文件服务、会话管理服务等。

① 服务访问方式:同网段的服务之间通过 Fegin 调用,上层应用调用服务通过 Http 方式访问,数据以 JSON 格式进行传递。

② 所有服务支持平滑上下线,对用户无感知。

**3. 接入层**

应用层对服务的调用统一经过反向代理服务器至服务网关,再由服务网关到具体的服务节点。网关支持动态路由表配置与服务灰度发布。

**4. 应用层**

进口食品追溯管控与预警平台的应用层业务功能根据业务网与电子口岸专网入口提供不同的功能。

### 9.2.4 系统逻辑组件设计

为满足复杂应用环境的使用需求,系统采用了 B/C 架构。基于 J2EE 标准的软件资源和硬件资源多层的分布式架构,采用“平台+组件”的开发模式。在实现跨操作系统、跨浏览器、跨数据库、成熟稳定的同时,具有良好的扩展性。平台系统逻辑组件如图 9.6 所示。

## 9.3 架构与框架设计

### 9.3.1 服务/微服务治理框架

微服务架构(microservice architecture,MSA)是一种架构概念,旨在通过将功能分解到各个离散的服务中,以实现对解决方案的解耦。不同于传统架构模式,借用 Martin Flower

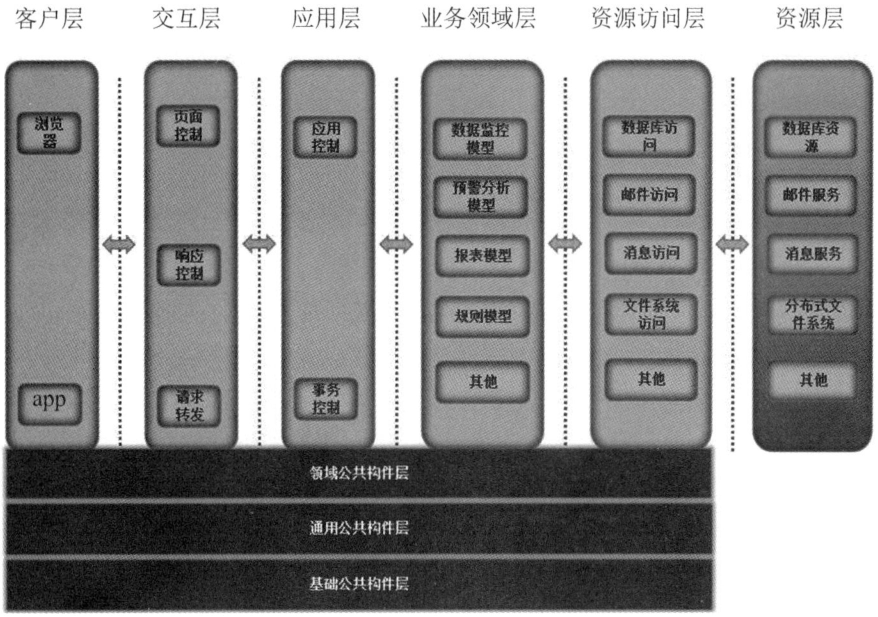


**图 9.6　平台系统逻辑组件示意图**

对其的定义:微服务架构就是以一系列小的服务来开发支撑一个应用的方法论,服务独立在自己的进程中,通过轻量级通信机制交互。这些服务是围绕业务上的组织结构来构建的,全自动且独立部署。几乎看不到中心化的服务管理基础设施,可以使用不同的编程语言和数据存储技术来实现不同的服务。

服务/微服务治理框架(图 9.7)主要划分为微服务开发框架、微服务通信框架、微服务注册中心、统一配置中心、高级公共服务。其中高级公共服务包括服务容错(限流、降级、熔断)、数据一致性框架等。

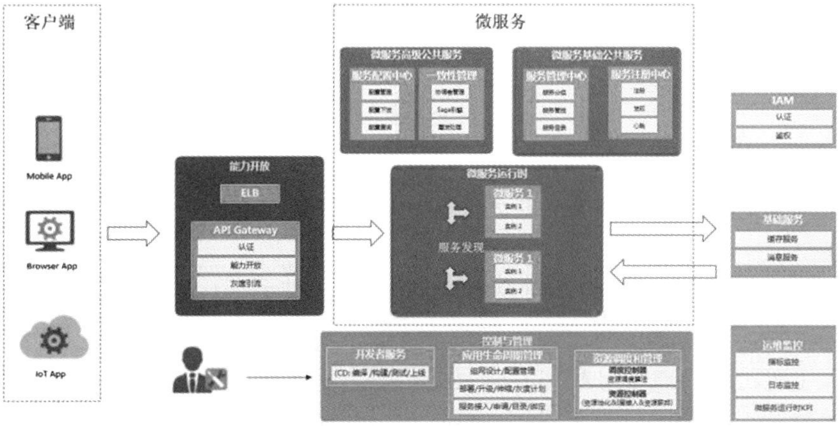


**图 9.7　服务/微服务治理框架图**

微服务的核心功能包括:

① 高性能的服务通信机制。由于微服务的"微",一个完整的业务调用需要大量的微服务协同才能完成,存在较多的网络通信。通过多线程池管理、请求合并、共享内存、序列化增强等方式实现高性能 RPC 通信,跨 HOST 实例间通信性能不低于 50000 TPS。

② 高效的编程接口。通过编程语言最自然的方式，提供最自然的编程接口，降低开发人员的开发复杂度。例如，在 Java 的编程接口中，与 Spring 集成，提供 bean 访问接口。

③ 支持多语言。不同的微服务采用最合适的编程语言开发，在一个微服务应用中可能会存在多种不同语言开发的微服务。采用 IDL 统一定义服务，采用与语言无关的二进制高效通信协议，支持多语言微服务开发。

④ 微服务的位置、状态透明性。采用服务注册、发现机制，跟踪服务的可用性等机制，实现微服务的位置、状态无关性。

⑤ 支持服务容错，提升服务的可靠性。为避免单一服务故障或超载造成整体系统的崩溃，提供对服务的限流、降级、熔断等机制，保障整体系统的可用性和可靠性。

⑥ 实现 WSAT 标准，提供基于 REST 和 RPC 的强一致性分布式事务能力。通过 Annotation，在开发框架中集成 TCC 异步最终一致性方式。通过消息队列、Saga Manager、消息去重表、消息发送守护进程、Command/Event Bus 等方案实现 Event Sourcing 方式的全异步数据最终一致性。满足不同用户在不同场景下的数据一致性需求。

#### 9.3.1.1　基础组件

基础组件是将 PaaS 平台应用所依赖的各类基础中间件接入平台，完成对服务实例的生命周期管理。

**1. 基础组件主要服务的对象**

① PaaS 平台内置的各种中间件服务(如消息服务、缓存服务等)。

② PaaS 平台应用打包发布为服务(如微服务应用打包成服务)。

③ 应用依赖的第三方服务(如大数据服务等)。

**2. 主要的运行方式**

① 托管型：指服务实例的生命周期由 PaaS 平台管理，通过 PaaS 的应用编排子系统进行部署和销毁，以应用为单位独占服务实例。

② 非托管型：指服务实例由第三方应用管理，第三方应用管理服务实例的创建、删除和运维等操作。该应用独占或共享服务实例。

#### 9.3.1.2　中间组件服务

中间组件服务是将 PaaS 平台应用所需的中间组件接入平台，允许应用订阅，具有绑定、使用等功能。

针对海关应用建设过程中的应用基础功能，如用户、鉴权、消息、流程、文件附件等基础性功能组件进行组件化规划，通过共享基础服务能力，减少应用功能重复建设，使资源集中在业务逻辑处理，有效降低业务应用的建设成本，缩短应用的建设周期。

#### 9.3.1.3　国际化翻译服务

配套专用的国际化语言翻译工具，并与百度翻译线上 API 接口对接，实现即时线上汉化翻译效果，支持将所采集的主要食品进口国的多语种(英语、法语、德语、日语、韩语等)食品安全信息自动翻译成中文。提供专用术语词条对照维护表，用于修改并维护食品种类、名称、风险隐患专用术语的翻译统一性。

#### 9.3.1.4　文件服务

基于云端分布式存储服务，可为平台内各应用提供统一的文件（附件）管理服务，使各应用中的文件存储在一个安全、高效、标准的存储体系中，解决传统文件服务器在性能、扩展性、安全性上的问题。同时，基于云盘应用，更可为授权应用提供文件的全文检索、在线浏览、版本管理等文档管理服务。主要包括以下功能模块：

① 基于分布式存储的云盘平台。

② 简单存储服务（S3）访问接口。

③ 在线浏览服务应用。

④ 全文检索服务应用。

#### 9.3.1.5　消息推送服务

消息推送服务包括以短信、邮件、手机提醒等方式推送消息，并提供安全可靠的消息中心，用以实现即时通信和消息相结合、实时感知待办事务提醒、快速支撑业务预警、发起工作任务、浏览应用资讯等，通过消息驱动人与人之间以及人与应用之间的互动。

本组件规划服务于平台用户管理子系统和公众用户子系统，需要处理海量的推送业务，因此单独就消息推送建立服务组件。主要包括以下功能模块：

① 邮件发送服务。

② 消息发送任务队列管理。

③ 消息发送日志管理。

④ 敏感信息过滤功能。

#### 9.3.1.6　网络爬虫服务

网络爬虫是一种互联网机器人，其利用计算机语言编写的程序或脚本，自动从互联网上获取任何信息或数据。机器人扫描并抓取所需页面上的某些信息，直到处理完所有能正常浏览的页面。

网络爬虫大致有 4 种类型的结构：通用网络爬虫、聚焦网络爬虫、增量网络爬虫、深层网络爬虫。

**1. 通用网络爬虫**

网络爬虫所爬取的目标数据是巨大的，并且爬行的范围也是非常大的。正是因为其爬取的数据是海量的，所以对于这类爬虫来说，其爬取的性能要求是非常高的。这种网络爬虫主要应用于大型搜索引擎中，具有非常高的应用价值。

**2. 聚焦网络爬虫**

聚焦网络爬虫会按照预先定义好的主题，有选择地进行网页爬取。聚焦网络爬虫不像通用网络爬虫一样将目标资源定位在全互联网中，而是将爬取的目标网页定位在与主题相关的页面中，此时，可以大大节省爬虫爬取时所需的带宽资源和服务器资源。聚焦网络爬虫主要应用于对特定信息的爬取中，主要为某一类特定的人群提供服务。

**3. 增量网络爬虫**

增量网络爬虫在爬取网页时，只爬取内容发生变化的网页或新产生的网页，对于未发生内容变化的网页，则不会爬取。增量网络爬虫在一定程度上能够保证所爬取的页面尽可能是新页面。

**4. 深层网络爬虫**

在互联网中，网页按存在方式分类，可分为表层页面和深层页面。所谓的表层页面，指的是不需要提交表单，使用静态链接就能够到达的静态页面；而深层页面则隐藏在表单后面，不能通过静态链接直接获取，是需要提交一定的关键词之后才能够获取的页面。在互联网中，深层页面的数量往往比表层页面的数量要多很多，故而，我们需要想办法爬取深层页面。

## 9.3.2 大数据平台架构设计

### 9.3.2.1 大数据平台概述

大数据平台是基础平台的一个重要组成部分，大数据平台为上层的大数据应用平台提供基础设施服务。

大数据平台包括结构化大数据资源池和非结构化大数据资源池两部分，大数据平台提供高效、低廉的大数据存储和处理能力，能够对结构化、非结构化的大数据资源池进行有效监测、调度和管理，提供对海量数据进行可视化展示的工具，能够线性扩展计算和存储能力，并提供简便通用的开发接口。

对于结构化大数据资源池，我们应采用大规模并行处理数据库（MPP DB）技术对其进行建设，对海量的结构化数据进行分布式存储、分布式计算，提升信息中心快速存储、处理海量结构化数据的能力。

对于非结构化大数据资源池，我们应以分布式文件系统、分布式计算为框架，搭建高效、高性价比的非结构化、半结构化数据的存储体系，提供对非结构化数据、半结构化数据进行分析挖掘的计算框架，用以应对不同的应用场景。

### 9.3.2.2 大数据平台架构设计

大数据基础平台承载了海量数据资源的管理，并为上层业务应用提供数据支撑。它统一管理、集中存储了各种数据，并保证了数据质量。同时提供了多种数据计算引擎供选用，以更好地挖掘数据价值。主要包含如下内容：

**1. 数据处理**

数据来源多样，既有海关内部数据也有社会数据、互联网数据，各种数据来源的数据格式也不一致，在收集的过程中需对数据进行规范化处理，以便管理使用。

**2. 数据计算**

数据分析的处理速度、准确度对及时性、高效性都有至关重要的影响。大数据平台提供分布式计算、流式计算、内存计算等多种数据计算引擎，能够针对不同的场景采用不同的计算模型，对数据进行大规模批量处理或者实时处理，大大提升决策分析能力。

**3. 数据服务**

大数据平台收集整合的数据以服务化形式对上开放共享，主要包含数据搜索服务、数据统计分析服务、数据关联分析服务、数据挖掘服务。这样上层在使用大数据平台层时，并不会直接看到原始数据，而是面对数据服务；在实现数据共享的同时，也共享了数据的分析计算能力。

大数据平台总体逻辑结构如图 9.8 所示。

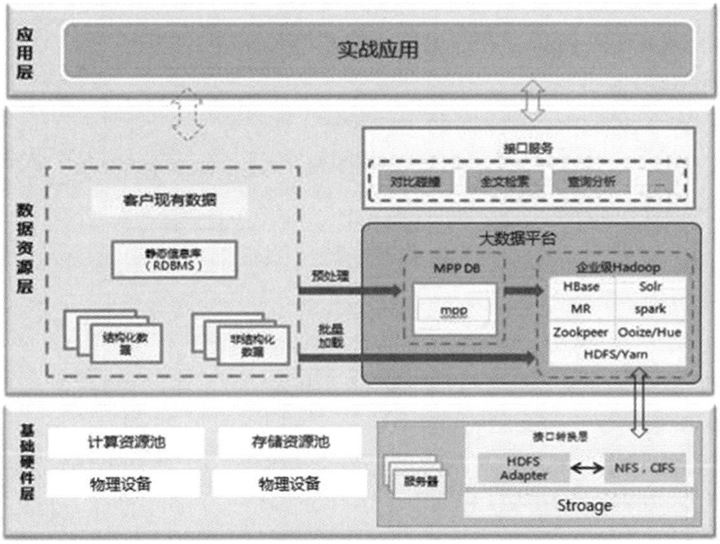


图 9.8　大数据平台总体逻辑结构图

数据源采集以及数据的清洗转换可由 ETL 工具实现。鉴于数据源的多样、数据类型和结构不一致，数据集成需要提供易用的任务编排方式，对任务执行过程和结果进行监控，同时还需具备任务的调度能力。

逻辑上的数据管理方式包含处理结构化数据的 MPP DB，已经处理半结构化/非结构化数据的 Hadoop 集群，再辅以内存数据库、实时数据处理框架，上层应用可根据业务场景也能选择不同的数据组织形式。数据管理既能保证数据质量，也能实现数据统一管理。

计算分析提供了数据计算分析的引擎，用于驱动对数据的分析处理任务。其中，有多种引擎可供选择。

最上层是数据服务，用于数据共享开放。它提供与纯数据相关的服务能力，这些服务并不包含任何业务特征。

### 9.3.2.3　大数据平台功能设计

大数据平台功能框架图如图 9.9 所示。

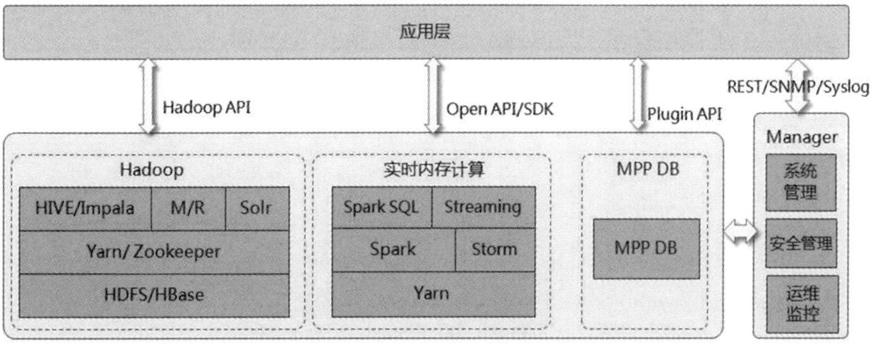


图 9.9　大数据平台功能框架图

**1. 分布式存储功能**

Hadoop 分布式文件系统 HDFS(Hadoop distributed file system)能提供高吞吐量的数据访问,适合大规模数据集方面的应用。通过聚合数十上百台甚至数千台服务器本地文件系统的吞吐能力,HDFS 提供同时对超大数据文件进行访问的能力。

**2. 分布式计算功能**

MapReduce 是一种简化并行计算的编程模型,其名字源于该模型中的两项核心操作:Map 和 Reduce。Map 将一个任务分解成多个任务,Reduce 将分解后多任务处理的结果汇总起来,得出最终的分析结果。

MapReduce 适于半结构化数据或非结构化数据的挖掘和分析。

**3. 数据仓库功能**

Hive 是一个建立在 Hadoop 上的数据仓库框架,提供类似 SQL 的 HQL 语言操作结构化数据,其基本原理是将 HQL 语言自动转换成 MapReduce 任务,从而对 Hadoop 集群中存储的海量数据进行查询和分析。Hive 的主要特点如下:通过 HQL 语言可以非常容易地完成数据的 ETL;通过 HQL 语言可完成海量结构化数据分析;具有灵活的数据存储格式,支持 JSON、CSV、TEXTFILE、RCFILE、SEQUENCEFILE 等存储格式,并支持自定义扩展;主要应用于海量数据的离线分析(如日志分析、集群状态分析)、大规模的数据挖掘(如用户行为分析、兴趣分区、区域展示)等场景下。为保证 Hive 服务的高可用性、用户数据的安全性及访问服务的可控制性,Hive 具有如下特性:基于 kerberos 技术的安全认证机制、数据文件加密机制、双机热备、完善的权限管理。

Hive 适合于结构化数据或半结构化数据的挖掘和分析。

**4. Spark:内存迭代计算功能**

Spark 是一种内存迭代计算环境,其启用的是内存分布数据集,除了能够提供交互式查询外,它还可以优化迭代工作负载。

Spark 是 MapReduce 计算模式的一个全新实现。Spark 的创新之一是提出弹性分布式数据集(resilient distributed dataset,RDD)的概念,所有的统计分析任务是由对 RDD 的若干基本操作组成的。RDD 可以被驻留在内存中,后续的任务可以直接读取内存中的数据,因此速度可以得到很大提升。Spark 的创新之二是把一系列的分析任务编译成一个由 RDD 组成的有向无环图,根据数据之间的依赖性把相邻的任务合并,从而减少了大量的中间结果输出,极大地减少了磁盘 I/O,使得复杂数据分析任务更高效。从这个意义上来说,如果任务够复杂,迭代次数够多,那么 Spark 比 MapReduce 快 100 倍或 1000 倍都很容易。基于这两点创新,可在 Spark 的基础上进行批处理、交互式分析、迭代式机器学习、流处理,因此 Spark 可以成为一个用途广泛的计算引擎,并在未来取代 MapReduce 的地位。

**5. NoSQL 功能**

HBase 是一个高可靠性、高性能、面向列、可伸缩的分布式存储系统,其设计目标是解决关系型数据库在处理海量数据时的局限性。HBase 使用场景有如下几个特点:海量数据(TB 或 PB 级别以上);需要很高的吞吐量;需要在海量数据中实现高效的随机读取;需要很好的伸缩能力;能够同时处理结构化和非结构化数据;不需要完全拥有传统关系型数据库所具备的 ACID 特性。

HBase 适合于建立海量数据存储平台,用于数据的存储和实时访问,例如,历史明细查询、详单查询等业务。

**6. 分布式消息队列 Kafka**

Kafka 是一个分布式、分区化、多副本的消息发布与订阅系统，它提供了类似于 JMS 的特性，但在设计上完全不同，它具有消息持久化、高吞吐、分布式、多客户端支持、实时等特性，适用于离线和在线的消息消费，如常规的消息收集、网站活性跟踪、聚合统计系统运营数据（监控数据）、日志收集等大量数据的互联网服务的数据收集场景。分布式消息队列示意图如图 9.10 所示。

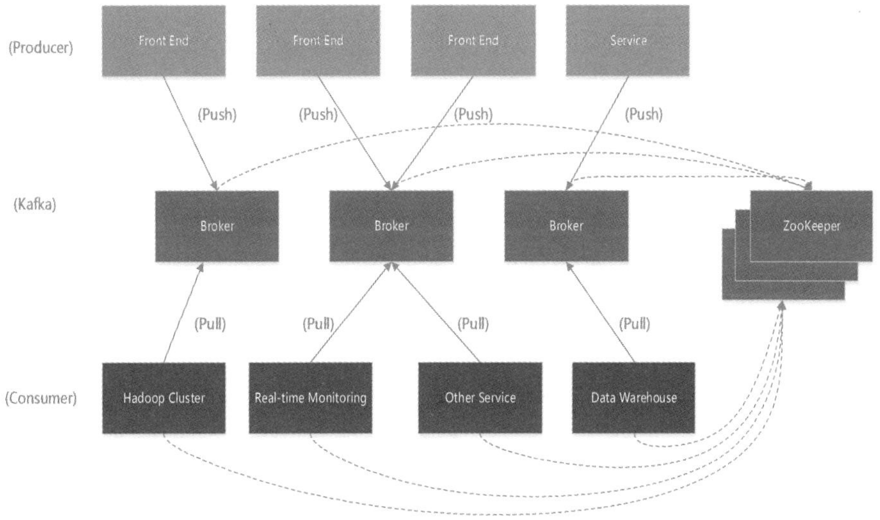


**图 9.10　分布式消息队列示意图**

一个典型的 Kafka 集群包含若干个 Producer（可以是 Web 前端产生的 Page View，或者是服务器日志、系统 CPU、Memory 等）、若干个 Broker（Kafka 支持水平扩展，一般 Broker 数量越多，集群吞吐率越高）、若干个 Consumer Group，以及 1 个 Zookeeper 集群。Kafka 通过 Zookeeper 管理集群配置，选举 Leader，以及在 Consumer Group 发生变化时进行 Rebalance。Producer 使用 Push 模式将消息发布到 Broker，Consumer 使用 Pull 模式从 Broker 订阅并消费消息。

**7. 全文检索功能**

Solr 是一个高性能、基于 Lucene 的全文检索服务器。Solr 对 Lucene 进行了扩展，提供了比 Lucene 更为丰富的查询语言，并实现了强大的全文检索功能、高亮显示、动态集群，具有高度的可扩展性。Solr 4.0 版本开始支持 SolrCloud 模式，该模式下具有集中式的配置信息、近实时搜索、自动容错等功能，具体如下：

① 利用 ZooKeeper 作为协同服务，启动时可以指定把 Solr 的相关配置文件上传至 Zookeeper，多机器共用。这些 Zookeeper 中的配置不会再拿到本地缓存，Solr 直接读取 Zookeeper 中的配置信息。配置文件的变动，所有的机器都可以感知到。

② 自动容错，SolrCloud 对索引（collection）进行分片（shard），并对每个分片创建多个 Replica。每个 Replica 都可以独立对外提供服务。失去一个 Replica 不会影响整个索引搜索服务，它还能自动在其他机器上将失败机器上的索引 Replica 重建并投入使用。

③ 索引和查询时的自动负载均衡，SolrCloud 索引（collection）的多个 Replica 可以分布在多台机器上，均衡索引和查询压力。如果索引和查询压力大，可以通过扩展机器、增加

Replica 来减缓压力。因此，下面的介绍主要围绕 SolrCloud 展开描述。

④ Solr 索引数据存放到本地磁盘，提供了更加快的索引和查询速度；SolrCloud 可以多实例部署，可以实现并发写与读，提高索引与查询性能。

Solr 集群方案逻辑组成如图 9.11 所示。

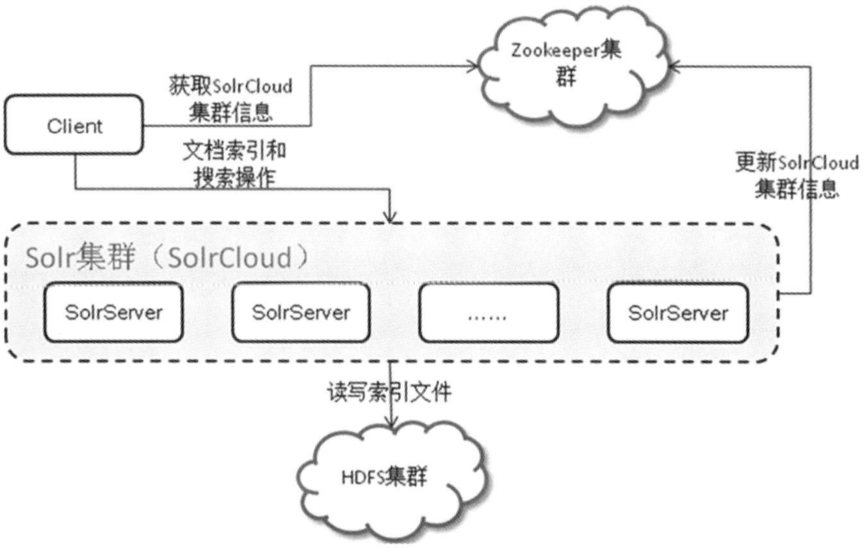


**图 9.11　Solr 集群方案逻辑组成图**

⑤ Solr 与 HBase 间的关系：HBase 是 Apache Hadoop 项目的子项目，对于全文检索，其性能比较低下，常常无法满足要求，因此在大数据平台当中，一种最常用的场景，就是引入 Solr 作为 HBase 的全文索引系统，HBase 在写入数据时，同步在 Solr 中为这些数据中的各个列族（可定制）建立二级索引或全文索引，查询时先根据一定的条件在 Solr 中获取一级索引 Row Key 列表，然后再通过 Row Key 列表到 HBase 中获取相对应的详细数据，从而高效实现大数据平台中 HBase 的全文检索。

**8. Elk：交互式查询引擎**

Elk 是一个关系型分布式数据库系统，作为 Fusion Insight HD，提供标准 SQL 接口的即时查询组件。将 HDFS 上存储的结构化数据映射为外部表，利用数据库 SQL 编译器和向量化执行引擎对外提供标准 SQL 接口，可完成 HDFS 上结构化数据的分析查询。Elk 具备以下特点：

① 支持 SQL 标准语法。

② 采用高速分布式并行计算引擎。

③ 提供高性能的 HDFS 结构化数据的即时及复杂分析查询功能。

④ 对外提供 JDBC 和 ODBC 访问接口。

Elk 由多个 ElkServer 组成，Elk 的结构具体如图 9.12 所示。

**9. 集群资源管理功能**

为实现一个 Hadoop 集群的集群共享，可采用一种分层的集群框架方法。具体来讲，特定于 MapReduce 的功能已替换为一组新的守护程序——YARN（yet another resource negotiator）。YARN 分层结构的本质是资源管理器（ResourceManager）。这个实体控制整个集群并管理应用程序中的基础计算资源的分配。ResourceManager 将各个资源部分（计

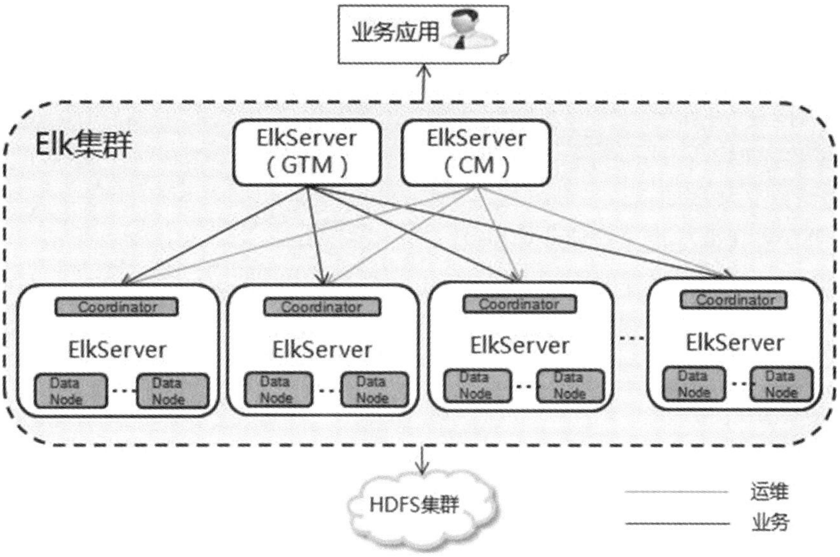


图 9.12　Elk 结构图

算、内存、带宽等)精心安排给基础 NodeManager(YARN 的每节点代理)。ResourceManager 还与 ApplicationMaster 一起分配资源,与 NodeManager 一起启动和监视它们的基础应用程序。

为提高资源利用率和集群吞吐量,满足企业的多种业务需求,现在的大数据集群已不再局限于运行单一的应用,还应同时支持多个组织或部门的多种应用。

FusionInsight 具有多租户特性,通过 Manager 提供大数据统一租户管理平台,实现租户资源的动态配置和管理、资源隔离、资源使用统计等功能。

根据租户将集群划分为不同的资源池,各类应用部署要使用特定的资源池,不能使用资源池外的资源设置租户 CPU、内存、I/O、存储等资源计划,支持多种调度模型,同时提供租户资源的使用统计和报表,为资源计划和计费提供依据。在访问权限控制方面,集成 RBAC 的多租户资源访问,可以为用户/用户组定义多种不同的角色类型。

**10. 工作流管理功能**

Oozie 是一个用来管理 Hadoop job 任务的工作流引擎,Oozie 流程基于有向无环图(directed acyclical graph)来定义和描述,支持多种工作流模式及流程定时触发机制。其具有易扩展、易维护、可靠性高等特点,与 Hadoop 生态系统各组件紧密结合。Oozie 流程的三种类型如下:

① Workflow 描述一个完整业务的基本流程。

② Coordinator 流程构建在 Workflow 流程之上,具有对 Workflow 流程的定时触发、按条件触发的功能。

③ Bundle 流程构建在 Coordinator 流程之上,具有对多个 Coordinator 流程进行统一调度、控制和管理的功能。

Oozie 的主要特点如下:支持分发、聚合、选择等工作流流程模式;与 Hadoop 生态系统各组件紧密结合;流程变量支持参数化;支持流程定时触发;提供 HA 机制;自带一个 Web Console,具有流程查看、流程监控、日志查看等功能。

#### 9.3.2.4　并行数据库 MPP DB 设计

FusionInsight MPP 能够存储和分析 PB 级海量结构化数据，它是由众多拥有独立且互不共享 CPU、内存、存储等系统资源的逻辑节点组成，基于 x86 服务器、Shared-Nothing 分布式执行的开发架构，在这样的系统架构中，业务数据被分散存储在多个物理节点上，数据分析任务被推送到数据所在位置就近执行，通过控制模块的协调，并行地完成大规模的数据处理工作，实现对数据处理的快速响应。

FusionInsight MPP 支持通过开放标准 SQL 接口实现复杂查询。通过分布列散列算法和分区路由算法，避免数据偏斜导致单节点计算或存储性能瓶颈，提供整集群近似线性扩展能力。

全 AA 架构实现系统在规模数据处理过程中的 24 小时内不间断服务。

**1. 各模块功能说明**

OM(operation manager)：运维管理模块。提供集群日常运维、配置管理的管理接口、工具。

CM(cluster manager)：集群管理模块。管理和监控分布式系统中各个功能单元和物理资源的运行情况，确保整个系统的稳定运行。

GTM(global transaction manager)：全局事务管理器。负责生成和维护全局事务 ID、事务快照、时间戳等全局唯一的信息。

WLM(workload manager)：工作负载管理器。控制系统资源的分配，防止过量业务负载对系统的冲击而导致业务拥塞和系统崩溃。

CN(coordinator node)：仲裁节点。接收来自应用的访问请求，并向客户端返回执行结果。负责分解任务，并调度任务分片在各 Data Node 上并行执行。

DN(data node)：数据节点。负责存储业务数据、执行数据查询任务以及向 Coordinator 返回执行结果。

Storage：服务器的本地存储资源，持久化存储数据(支持行存、列存、混合存储)。

OM 和 CM 共同构筑了集群管理和维护能力；CN、DN、Storage、GTM 和 WLM 共同构筑了数据库管理能力。

**2. 数据并行导入功能**

MPP 为满足不同场景规模数据的数据入库提供以下三种数据入库方式：

① 大数据量导入：通过并行加载接口实现大数据量快速入库，要求应用系统数据先落地形成 CSV 格式。

② 实时数据导入：通过 Stream Copy 接口实现数据的实时导入，无须数据落地。

③ 小数据量导入：通过 Insert into 标准 SQL 接口实现小数据量导入。

MPP 的数据并行导入是为了实现指定格式的外部数据高速、并行入库功能。所谓高速、并行入库是和传统的使用 insert 语句逐条插入的方式相比较。在并行导入过程中，Coordinator 只负责任务的规划及下发，把数据导入的工作交给了节点，释放 Coordinator 的资源，使其有能力处理外部请求。同时，通过让各个节点都参与数据导入，充分利用各个设备的计算能力及网络带宽，提高数据导入的整体性能。

数据服务器位于系统外部，通过网络与系统相连。数据服务器上部署全局数据服务(global data service，GDS)模块管理源数据，提供数据服务功能，供各个节点下载数据。

下面将以 Hash 分布策略为例介绍 MPP 的数据加载过程：

① 业务应用在 Create Table 时预先设定 Hash 分布策略（指定表的一个或者几个属性作为分布字段），每个数据节点将会负责多个 Hash。

② 业务应用在 Create Table 时还可以预先设定分区及子分区（指定表的一个属性作为分区字段），每个数据节点内部的每个 Hash 都将按照设定的分区规则作相同的分区处理。

③ 启动数据导入后，GDS 将指定的数据文件分割成固定大小的数据块，每个数据节点并行地从 GDS 下载这些数据块。

④ 各个数据节点并行地处理数据块，从中解析出一条条数据元组，每一个元组根据分布列计算出来的 Hash 值判断存储的物理位置，即如果 Hash 在本地节点，则存储在本地，如果 Hash 在其他网络节点，则需要通过网络重新分布到目标节点。

数据到达 Hash 所在的节点后还将根据分区逻辑写入对应的数据文件。

**3. 数据快速导出功能**

MPP 提供以下两种批量数据导出手段：

① 上层应用控制多个 Coordinator 分段，每个 Coordinator 完成一段，由应用进行拼接。每一个 Coordinator 分段就是一个标准的 SQL 查询语句。这种方案的本质是 Coordinator 为全 Active 架构，每个 Coordinator 都有一定的瓶颈，但多个 Coordinator 可并行工作。

② MPP 将每个节点上的数据直接保存到本地节点，不汇聚到 Coordinator，由应用到各节点采集。这种方案相比第一种方案速度更快。

当导出数据量超太字节（TB）时，推荐使用第二种方式。

## 9.3.3 数据仓库总体设计

### 9.3.3.1 基础数据资源库

基础数据资源库是大数据仓库的核心与基础，是结构化和非结构化数据的汇集整合，提供基础数据共享服务，为各主题库、专题库提供基础数据支撑。

基础数据资源库是一个全量数据库，其数据结构与来源基本保持一致，基础数据资源库分为热点数据库建设、汇集库建设与云文件中心。

### 9.3.3.2 主题数据信息库

**1. 进口食品主题库**

进口食品信息基础数据库是所有与进口食品追溯与风险预警相关的业务所涉及的食品归类，并按食品的自然属性、标准编码、关联属性加以表征，且按一定的数据组织方式加以存放。

**2. 追溯责任主体主题库**

追溯责任主体基础信息是指在进口食品的供销链活动中的各相关企业基础信息（包括进口商、报关公司、生产商、船运公司、经销商、物流商等），按机构所固有的特征加以表述，并按一定的数据组织形式加以存放。

**3. 追溯码主题库**

用于统一管理通关的追溯码状态，确保每批进口食品所申报的追溯码的唯一性及一次有效性。

**4. 追溯信息主题库**

由各追溯活动责任主体在进口食品的供销链活动中所产生的从生产到物流、船运、口岸通关、境内分销、市场消费等时空事件汇聚而成的信息主题库。

**5. 关系信息主题库**

关系信息基础数据库对常用、通用关系模型进行预处理后，将运算结果进行持久化存储。以便快速响应上层服务或应用的查询需要，关系域是大量关系模型处理结果的存储集合，如同食品、同企业、同口岸、同进口批等。

**6. 风险信息主题库**

提取合并新闻、论坛、博客、贴吧、微博、搜索引擎等网页中的元信息，如标题、正文等信息项，以进口食品活动主体（who）、地点（where）、时间（when）、食品（food）、事件（event）等基本要素提炼的信息为主体线索，将散乱的信息进行归类，把内容相近的文档聚集在一起生成专题。

**7. 风险预警主题库**

主要由预警模型所产生的食品安全风险隐患、人工研判所产生的风险隐患，以及正式确定的预警组成。

**8. 文件服务中心**

云文件中心提供将进口食品安全风险信息与追溯信息中大量不同类型的数据资料存储、备份、归档等一系列服务。实现对所有非结构化数据（包含文件、图片、音频、视频等）进行存储与管理，并提供文件上传、下载、检索等功能。

### 9.3.4 数据资源整合框架

数据整合与服务平台建设要求提供对来源数据的整合，包括对结构化数据、非结构化数据、半结构化数据的采集、清洗、转换和加载入库，同时对数据进行封装，提供查询服务接口，为上层业务应用提供数据服务支撑。

主要建设内容包括：对进口食品供销链相关企业数据、进口食品安全风险网络数据、进口食品追溯码数据、进口食品追溯信息数据等进行汇集存储。

数据抽取：数据采集工具（数据采集、清洗转换、加载入库）。

#### 9.3.4.1 建模工具

建模工具可通过灵活配置，实现主题域、专题域等应用服务资源域的建设，不仅减少了实施维护成本，而且快速实现了海关工作人员对追溯信息的查询需求。具体功能如下：

① 提供建域抽取任务灵活配置功能。

② 主题域抽取整合支持将多张数据表中的数据抽取至单张主表。

③ 支持定义来源表的数据入域优先级。

④ 支持对已配置映射关系的从表字段进行浏览。

⑤ 支持对主题域主表字段进行管理。

⑥ 支持对主题域任务进行监控。

⑦ 支持通过输入各种表字段查询条件，对主题域抽取结果进行数据预览。

### 9.3.4.2　数据整合工具

数据整合工具(ETL)面向大数据进行分布式任务的调度以及资源分配,具备统一的调度中心,通过任务监控管理图形化界面并进行任务动态分配和监控,实现各类任务统一调度、监控和异常报警。

分布式ETL工具支持跨平台、跨系统大数据任务调度管理。采用分布式计算方式结合多线程控制技术对数据进行并行同步。分布式计算数据同步就是在ETL同步程序之间互相共享信息,ETL同步程序既可以在同一台计算机上运行,也可以在通过网络连接起来的多台计算机上运行。

ETL采集功能包括以下几个方面:

① 使用者不需要编写任何底层数据库SQL脚本与数据库表对象,通过平台简单配置的方式即可实现各种类型数据库之间的数据同步交换,如Oracle、Mysql、Sqlserver、DB2、Hbase、Impala、Hive、MPP DB等。

② 支持各种类型的文件到数据库同步交换,如XML文件、文本文件、Excel等文件。

③ 支持在数据同步交换的过程中遇到少量异常格式的数据时自动跳过继续执行;自动捕获异常数据时生成的异常脚本经过人工修改后可重新组织入库。

④ 提供数据可靠传输机制:支持在网络条件较差的环境中(如发生网络阻塞、链路故障等时),数据同步调度程序实现间隔自动重联,有效保障数据交换可靠传输。

⑤ 提供数据同步交换详细日志,如任务每一批次的新增记录条数、修改记录条数、删除记录条数、异常记录条数、文件处理数等。

⑥ 提供智能的配置界面将多张相同的业务表按相同的主键字段(如身份证号)自动关联整合到一张数据表中。

⑦ 提供多种任务调度周期方式,如按日、按周、按月等时间间隔以及立即执行等。

⑧ 提供标准开放接口,允许第三方工具接入。

⑨ 支持数据采集同步任务从一个ETL节点自动迁移到另一个ETL节点。

### 9.3.4.3　可视化流程设计

提供可视化的流程设计和开发工具(图9.13),需要集设计与开发为一体,由文件流程设计人员完成复杂的数据整合流程设计工作。

### 9.3.4.4　数据处理流程调度

任务调度模块负责所有数据处理任务的调度及顺序逻辑控制,具有如下功能:

**1. 任务触发**

当任务的启动条件满足用户预先设定的条件时,自动加载任务并运行。任务触发条件包括时间条件和任务条件两种。

① 时间触发:指定任务在特定时间开始运行。

② 事件触发:发生特定的事件后任务自动运行。例如,接口处理任务要在其依赖的接口文件全部到达后自动启动。

③ 时间和事件结合:多个条件组合都满足后自动运行任务。

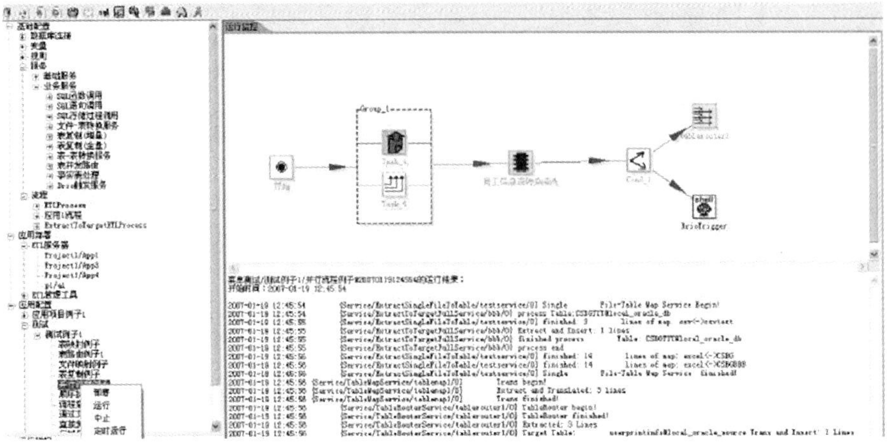

图 9.13　流程设计和开发工具示意图

**2. 任务排序**

对数据处理流程的先后进行排序。具体体现在如下方面：

① 依赖关系：任务之间具有绝对的先后关系，一个任务的启动必须依赖于其前置任务的成功完成。

② 优先级：如果两个或多个任务同时满足启动条件，那么任务的执行先后顺序可以通过任务的优先级来决定，具有较高优先级的任务将先运行。

**3. 全局任务同步**

对于运行在不同机器和系统上的任务，调度模块可以对其进行同步。

**4. 并行执行**

同时允许多个任务并行执行。可以设置各类任务的并行度，并行度有如下两个层次：

① 不同机器任务之间的并行。

② 同一机器内部任务的并行。

**5. 任务管理**

允许用户灵活地添加新的任务、设置任务的触发条件、依赖关系等。能方便地重置任务状态、重启和结束任务运行等。

### 9.3.4.5　数据元数据管理

提供数据元标准的创建与维护功能。开发以数据元为核心的数据标准动态管理，实现对海关数据元的科学分类管理，完成对数据元的全生命周期管理，并为海关其他相关应用提供查询接口服务。主要功能如下：

① 设计构造数据元、限定词、术语分类模型，给出其多维度分类方案，为冲突检测或业务审查提供技术支持。

② 对数据元业务进行管理，为数据元日常业务提供核心技术支持。

③ 结合数据元标准，以满足海关业务语境的同义词/近义词库为出发点，识别和标注相冲突的数据元。

④ 支撑代码的建立、变更、分类、分段标记，提供上报、注册、查询、下载、动态维护等主要服务方式。

⑤ 对数据元、限定词、术语等进行查询和统计，为数据源对外提供服务提供支撑。数据元数据管理包括业务元数据、技术元数据、操作型元数据，具体如下：

业务元数据在业务层面描述最终用户感兴趣的元数据，通常包含业务指标的含义、计算规划、数据概念分类、属性的业务含义等。具体到海关业务，在数据整合过程中以及在最终的结果中，需要能够清楚地描述各类业务数据的含义、信息的来源、相关的信息、产生的背景等内容，便于海关相关工作的开展。

技术元数据是指支持信息整合运行的各种技术定义和规范，包括信息处理过程、来源、目标、调试信息及符合的技术标准、技术规范等。数据整合处理过程中的各项技术要求应满足海关及相关标准部门提出的数据要求。

操作元数据是指信息整合运行中各个组成部分的实际状态和日志记录。它记录了整合信息系统运行的过程，方便对数据进行跟踪和定位。这些信息包括各类用户对信息的分析、处理、加工和补充的所有处理日志。

#### 9.3.4.6　数据同步方式

**1. 全量抽取**

将来源数据一次性全部进行全量抽取，结构化数据按数据量的大小进行存储，小数据量存入 Oracle，大数据量存入 HBase，非结构化文本数据存入 GFS/FastDFS。

全量抽取是指将来源中所有的数据一次性全部加载到目标库中，全量抽取的逻辑简单，但一次性处理的数据量非常大。因此，全量抽取适用于第一次数据同步或数据量较小且抽取频率不高的情况下。

**2. 增量抽取**

将来源数据中有更新的数据，如人口、车辆、案件、违法犯罪、省厅按时下发的文件等进行增量抽取，结构化数据存入 Oracle 及 Hadoop，非结构化文本数据存入 Hadoop HDFS。

增量抽取只抽取自上次抽取以来数据库中要抽取的表中新增或修改的数据。在 ETL 的使用过程中，增量抽取较全量抽取应用更广。如何捕获变化的数据是增量抽取的关键。对捕获方法一般有两点要求：一是准确性，能够将业务系统中的变化数据按一定的频率准确地捕获到；二是性能，不能对业务系统造成太大的压力，影响现有业务。

**3. 数据加载**

将转换和加工后的数据装载到目的库中通常是 ETL 过程的最后步骤。装载数据的最佳方法取决于所执行操作的类型以及需要装入多少数据。当目的库是关系数据库时，一般来说有以下两种装载方式：

① 直接利用 SQL 语句进行 insert、update、delete 操作。

② 采用批量装载方法，如 bcp、bulk、关系数据库特有的批量装载工具或 API。

大多数情况下使用第一种方法，因为它们进行了日志记录并且是可恢复的。但是，批量装载操作易于使用，并且在装入大量数据时效率较高。使用哪种数据装载方法取决于业务系统的需要。

#### 9.3.4.7　数据存储方式

基于海关数据特性，数据存储方式的选择因素分为以下几类：

(1) 数据是否具有明显的结构化特性

结构化数据具有典型的属性结构，每一个属性由基本的数据类型构成；而非结构化数据以视频、音频、文档等为典型代表，不具备属性结构，其内往往含有大量信息，需要特殊的处理及分析手段。

(2) 数据的量级

大数据平台的数据资源量级从几千、几万到几百亿条。

(3) 数据的访问需求

人口数据资源通常要进行多个字段的条件查询；关联库的主数据资源则需要与大量数据进行关联查询等，且对并发能力要求较高；而一些资料文档数据的访问频次往往较低。

(4) 数据自身特点

大部分解耦固化数据以整型、字符串等基本类型存储信息。

针对海关具体的数据情况，设计数据库物理存储结构的思路如下：

(1) 结构化数据

采用多种数据库混合存储。针对更新频率较高、记录数较多的数据，采取 HBase 分布式列式数据库、Hive 数据仓库、关系型数据库以及 MPP DB 共同存储的方式。HBase 主要用于大表的单表查询检索，Hive 主要用于大表数据的统计分析，关系型数据库主要用于小表的关联查询，MPP DB 主要用于数据量较小或者整合关联后的数据统计分析。

(2) 半结构化数据

海关追溯信息涉及的半结构化数据主要包括文本、海关内网网站和外网互联网等各类信息，采用 HBase 分布式列式数据库汇聚存储；对于关键词等特征描述信息，采用结构化的方式进行管理和存储；对于种类繁多、总量大的数据，如互联网信息等，在海关内网汇聚存储时，采用 HBase 分布式列式数据库；对于数据来源、内容项目、关键词等特征描述信息，采用结构化方式进行定义存储，为关联整合提供基础支撑。

(3) 非结构化数据

非结构化数据主要包括与各类追溯信息相关的视频、音频、照片等各种多媒体信息，结合其数据规模，可以采用非结构化方式进行描述和存储，为与结构化数据的关联整合做好准备，非结构化数据本身采用 GFS/FastDFS 相结合的方式进行存储。

## 9.3.5 数据质量管理框架

### 9.3.5.1 数据质量控制

**1. 数据有效性检查**

为了避免数据冗余，要在数据进入情报信息库之前对数据进行数据有效性检查。如果没有进行数据有效性检查，就可能破坏情报信息的完整性和准确性，造成不必要的信息遗漏和失误。

**2. 数据清洗**

数据清洗是删除数据中错误和不一致的数据。数据清洗注重的是数据质量，其目的是尽可能地去除脏数据，以保证情报信息库中数据的准确性和可用性。造成脏数据的原因有很多，主要的错误类型有：

① 数据格式错误。

② 数据一致性错误。

③ 业务逻辑合理性错误。

④ 规则描述错误。

⑤ 数据处理过程错误等。

数据清洗是保证数据质量的重要手段,需要对整个数据处理过程中的各个环节加以控制。

**3. 数据格式化**

情报信息的来源种类多,涉及的源系统多,建设厂商不同,采用的数据标准也不同,因此,必须要对数据进行格式化处理,如电话号码、车牌号码、身份证号码、地址等。

**4. 数据转换**

在大多数情况下,数据转换是将数据汇集起来,但也存在将数据分解开来的情况。在目前的整个情报系统中,不仅需要将分散的数据进行汇集整合,同时也需要将业务系统中的关系型数据分解、整合成情报分析队伍能够识别和利用的对象型数据,这意味着数据结构的复杂变化。然而数据结构的变化带来的好处更加易于理解和使用,方便情报分析人员直观地了解关键信息。

### 9.3.5.2　质量监测模型

系统提供一套基于"规则—模板—方案"的数据质量规则构建模型。系统预先定义了涵盖数据标准、数据一致性、数据关系、数据及时性等多种规则在内的数据质量检查规则。数据质量检查规则主要可以分为以下几类:

**1. 数据标准性检查**

以数据质量标准规范为模板,对待检数据进行标准检查。主要包括数据完整性、数据一致性、数据重复性、数据整体性等质检规则。

**2. 扩展检查**

通过对两个指标(也可以是一个指标的两个周期)按某几个维度展开后的增减幅度来发现数据的波动、变化情况。

**3. 比较检查**

通过对若干个指标值的简单四则运算(加、减、乘、除)来检验各个指标间潜在的平衡或其他比较关系。在这个简单的四则运算中,可以带入常量运算,支持使用括号。

**4. 数值检查**

通过特定的数据,对需要符合条件的数据进行检查,主要质检规则包括枚举值检查规则、定值检查规则、列值检查规则等。

### 9.3.5.3　数据质量检查

数据质量检查是实现数据质量保证的实践环节,是根据预先创建好的数据质检方案、规则、算法和质量检查度量,对数据的准确性、规范性、合理性等多角度进行检查,以及时发现问题,确保数据质量。

### 9.3.5.4　数据质量监测工具

数据质量管理是指数据管理人员建立完善的数据质量分析机制,实现对海量信息资源的质量检查和控制，并提供相应的数据质量分析报告，是确保数据质量的关键。对于不符合质量标准的数据则需要重新进行加工处理，直至符合相关质量标准后才可导入整合基础库。

## 9.4　系统业务实现设计

**1. 总体业务设计**

追溯管控系统与风险预警系统将“食品 HS 编码”作为数据纽带，串联追溯数据与风险数据，以达到互联互通，互为数据依据。业务上，平台与市场监督局打通数据通道，协同防疫监管，并与国内相关企业打通互动通道，进行疫情防控通知以及处理进度反馈互动。

**2. 追溯业务设计**

进口食品追溯系统整体功能分成两个部分：业务操作管理、追溯信息管理。以各进口商参与方为主体协作对接，提供进口食品追溯数据，通过进口食品追溯系统，根据报关进口食品批次，整合同批次食品的境外、境内流通节点追溯数据，实现每一批食品来源可查、去向可追、责任可究。

**3. 预警业务设计**

(1) 数据来源依据

主要根据进口食品来源国的主流新闻网站、论坛、博客、新闻评论、贴吧、搜索引擎，对国际与国内权威食品安全研究机构、实验室的官方新闻进行采集。

(2) 数据翻译

由于食品安全风险数据的来源国(区域)不同，需支持多语种翻译。食品安全信息自动翻译成中文，是风险数据整合的前提条件。

(3) 数据整合

根据关键特征词条(如食品名称、食品安全术语词条等)对食品安全风险信息进行提炼重组并整合。

(4) 数据实时分析

在数据整合的基础上，业务分析员可对实时风险信息进行人工分析比对，预判存在的进口食品风险隐患。

(5) 数据模型监测

根据业务主管部门的需求开展常规、常态或定制化的监测分析，通过系统提供的安全风险特征词库的智能组合，由系统按指定周期对风险数据进行监测分析，进而产生相应的疑似风险预警的智能监测功能。

(6) 预警池

用于储存通过人工研判或预警监测模型智能分析产生的预警，是未正式对外发布通知的疑似风险预警信息。

(7) 审核发布预警

预警池中的疑似风险预警经业务主管审核后，统一发布通知。

**4. 追溯与风险的联动大数据分析**

追溯与风险的联动大数据分析示意图如图 9.14 所示。

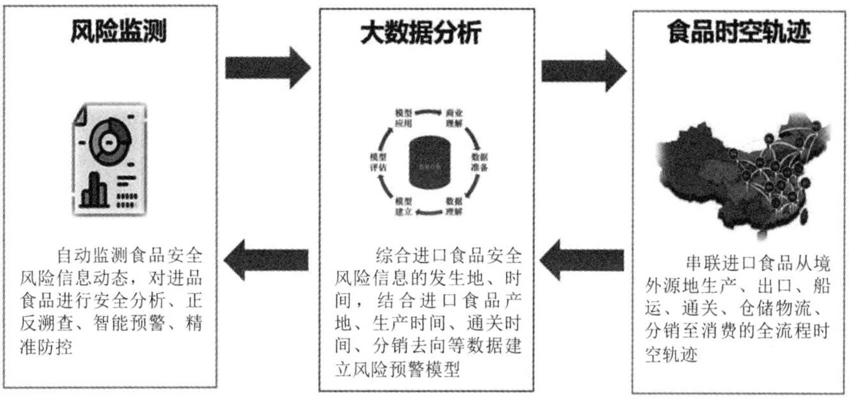


**图 9.14　追溯与风险的联动大数据分析示意图**

## 章末小结

本章从实体业务产生的业务线索以及追溯信息主体的数据级联关系进行分析，追溯数据的承接关系，并建立数据关系模型，全面了解进口食品从境外生产流通至通关后初步内销的流向轨迹中的需求，便于指导平台建设以及追溯业务点的技术应用切入。

模型总体上分为进口食品追溯业务与风险预警业务，简称“1 平台＋2 系统”，共同对业务开展全覆盖与支撑。

“1 平台”采用分布式部署方式，通过平台采集疫情风险信息以及追溯信息，使疫情风险与食品溯源数据联动，支撑进口食品追溯业务以及风险预警业务。

“2 系统”是指口岸食品追溯系统和进口食品风险预警系统。

进口食品追溯系统的主要功能包括：食品编码字典、食品供销链画像、食品追溯查探、供销链追溯信息评估、食品正反向追溯追踪、食品智能追溯报表等。同时，应用区块链技术，实现数据可信同步，保障进口食品追溯管控与预警平台信息安全。

进口食品风险预警系统的主要功能包括：食品安全信息发布、安全信息研判工具、自动分析模型管理、食品安全画像、食品安全智能预警、风险应对决策支持等。依托大数据为进口食品正反追溯、安全分析、安全预警提供线索数据支持与智能预警。

# 第 10 章　口岸食品风险溯源、预警和应急评估模型应用

口岸食品风险溯源、预警和应急评估模型由进口食品追溯系统和风险预警系统两个子系统组成。同时，平台为进口食品相关业务部门提供进口食品流通基础数据支持，推进进口食品的“来源可查、去向可追、责任可究”，成功构建进口食品追溯与风险预警分析体系，深度挖掘数据潜力，解决进口食品安全保障工作中的资源有限、进口货物快速增长以及问题责任难以追溯的问题，推动食品安全质量追溯体系逐步建立，推动食品安全质量管理由被动监督向主动出击转变、由粗放笼统向集约精准转变，发挥大数据信息化优势，促进进口食品全过程精准追溯，提升海关食品安全综合保障能力。

企业用户可以通过电子口岸专网访问企业端登录地址，登录成功后，进入系统操作使用；海关用户则通过海关内网访问海关端登录地址，登录成功后，进入系统操作使用。

本章将详细描述系统的使用方法，具体应包含系统功能菜单的各项指令说明。该平台需在 Windows 10 操作系统的电脑上，通过浏览器 Chrome(版本 54 及以上)访问登录地址。

## 10.1　门户首页

海关通过内网地址访问登录成功后，进入门户首页(海关)，如图 10.1 所示。

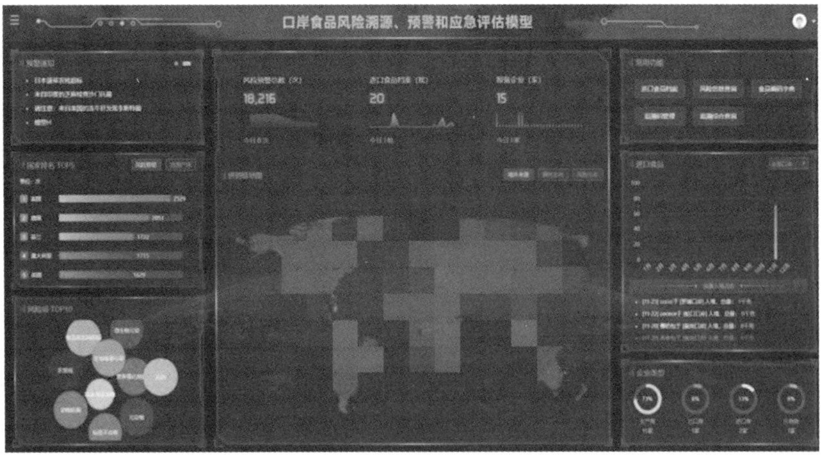


图 10.1　门户首页

# 10.2 术语映射表

## 10.2.1 食品名称映射

**1. 功能说明**

通过食品名称与不同国家、术语间的称呼名词进行关联映射，每一条预警舆情信息的食品名称能够被提取出来，便于后续对预警数据进行归并、整合、统计、分析。映射列表如图10.2所示。

图10.2 映射列表

**2. 功能路径**

术语映射表→食品名称映射。

**3. 具体操作**

① 在食品名称映射页面，在网站名称处选择要做映射的网站，单击“新增映射”(图10.3)按钮，弹出新增映射弹窗。

图10.3 新增食品名称映射弹窗

操作说明:新增映射弹窗中的食品名称、映射名称为必填项,食品原料名称可输入并下拉选择,数据来源于食品编码管理。

② 单击“确认提交”按钮,系统保存当前数据,并提示操作成功,新添加的食品名称映射数据显示在列表中。

③ 单击“取消操作”按钮,新增映射操作中止,关闭弹窗。

## 10.2.2　危害物质映射

**1. 功能说明**

对于通过风险名称无法提取的预警风险信息,可通过风险名称映射功能进行关联映射,使每一条预警舆情信息的风险名称能够被提取出来,便于后续对预警数据进行归并、整合、统计、分析。

**2. 功能路径**

术语映射表→危害物质映射。

**3. 具体操作**

① 在危害物质映射页面,在网站名称处选择要做映射的网站,单击“新增映射”(图 10.4)按钮,弹出新增映射弹窗。

**图 10.4　新增危害物质映射弹窗**

操作说明:新增映射弹窗中风险名称、映射名称为必填项,风险名称可输入并下拉选择,数据来源于风险类型字典。

② 单击“确认提交”按钮,系统保存当前数据,并提示操作成功;新添加的危害物质映射数据显示在列表中。

③ 单击“取消操作”按钮,新增映射操作中止,关闭弹窗。

④ 在危害物质映射页面,在网站名称处单击“搜索”按钮,在搜索框中输入网站名称,再次单击“搜索”按钮,列表显示出符合条件的网站名称。

⑤ 进入危害物质映射页面,选择一条危害物质映射数据,单击“编辑”按钮,弹出编辑映射弹窗。

⑥ 在危害物质映射页面,选择一条危害物质映射数据,单击“删除”按钮,弹出删除二次

确认弹窗。

操作说明：单击“取消”按钮，关闭弹窗，中止删除操作；单击“确定”按钮，所选择的危害物质映射数据被成功删除。

### 10.2.3　国家名称映射

**1. 功能说明**

对于通过国家/地区字典无法提取的预警原产地信息，可通过国家名称映射功能进行关联映射，使每一条预警舆情信息的预警原产地信息能够被提取出来，便于后续对预警数据进行归并、整合、统计、分析。

**2. 功能路径**

术语映射表→国家名称映射。

**3. 具体操作**

① 在国家名称映射页面，在语言名称处选择要做映射的语言，单击“新增映射”(图 10.5) 按钮，弹出新增映射弹窗。

**图 10.5　新增国家名称映射弹窗**

操作说明：新增映射弹窗中国家/地区、映射名称为必填项，国家/地区可输入并下拉选择，数据来源于国家/地区字典。

② 单击“确认提交”按钮，系统保存当前数据，并提示操作成功；新添加的国家名称映射数据显示在列表中。

③ 单击“取消操作”按钮，新增映射操作中止，关闭弹窗。

④ 在国家名称映射页面，在语言名称处单击“搜索”按钮，在搜索框中输入语言名称，再次单击“搜索”按钮，列表显示出符合条件的语言名称。

⑤ 进入国家名称映射页面，选择一条国家名称映射数据，单击“编辑”按钮，弹出编辑映射弹窗。

⑥ 在国家名称映射页面，选择一条国家名称映射数据，单击“删除”按钮，弹出删除二次确认弹窗。

操作说明：单击“取消”按钮，关闭弹窗，中止删除操作；单击“确定”按钮，所选择的国家名称映射数据被成功删除。

# 10.3　多源信息融合

## 10.3.1　食品编码管理

**1. 功能说明**

食品编码管理是指企业在填报追溯信息的时候选择 HS 编码(图 10.6)的数据,此功能由海关相关人员进行定期管理、维护,方便新增、修改等操作,如果 HS 编码已存在,那么是无法添加的,只允许修改。

图 10.6　HS 编码列表

**2. 功能路径**

多源信息融合→食品编码管理。

**3. 具体操作**

① 点击列表右上角的“添加食品”按钮,进入添加页面。

操作说明:按照要求输入食品名称、食品英文名称、所属品类、HS 编码、描述食品,点击“确认提交”按钮,食品创建成功。

② 选择列表中的某条食品数据,点击对应右侧操作列中的“编辑”按钮,进入添加页面。

③ 选择列表中的某条食品数据,点击对应右侧操作列中的“删除”按钮,进入删除页面。

操作说明:如果点击“确定”按钮,则所选食品数据删除成功。

④ 在列表中选择某条食品数据,点击右侧“使用状态”按钮。

操作说明:如果是已开启状态,点击之后则是禁用,禁用的 HS 编码在企业用户填报追溯信息的时候是无法选择的;如果是已禁用状态,点击之后则是开启,开启的 HS 编码在企业用户填报追溯食品信息的时候是可以选择的。

⑤ 在列表顶部查询、筛选食品。

操作说明:操作人员可以通过筛选使用状态、所属品类、HS 编码、食品名称等关键词来检索食品,点击“搜索”按钮,系统会根据设置的查询条件来检索符合的食品,并显示在下方的列表中。

## 10.3.2　境内港口字典

**1. 功能说明**

境内港口字典在追溯信息填报的过程中,需要选择“经停港”“目的地港”等境内港口数据,海关相关人员可以定期管理、维护数据,对港口数据进行添加、编辑、删除,也可批量导入。

**2. 功能路径**

多源信息融合→境内港口字典。

**3. 具体操作**

① 点击港口列表(图 10.7)右上角的“添加港口”按钮,进入添加港口页面。

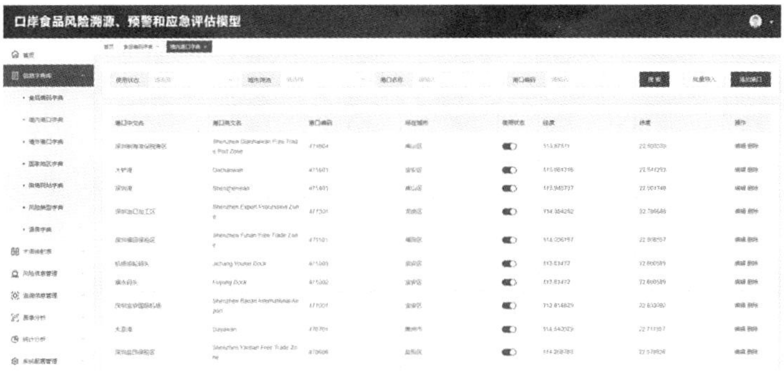


**图 10.7　港口列表**

操作说明:输入港口中文名、港口英文名、港口编码、所属城市、经度、纬度,然后点击“确认提交”按钮,即完成港口添加,港口编码具有唯一性,经度和纬度可让我们更好地明确港口的位置,也可让我们在统计视图展示的时候通过图形更加形象地显示具体的位置。

② 选择港口列表中的某条数据,点击对应右侧操作列中的“编辑”按钮,进入编辑港口页面。

操作说明:根据需要编辑的信息进行修改,然后点击“确认提交”按钮,即完成港口编辑,编辑完成后弹窗会自动消失。

③ 选择港口列表中的某条数据,点击对应右侧操作列中的“删除”按钮,出现确认删除弹窗。

操作说明:如果点击“确定”按钮,则所选港口数据删除成功。

④ 选择港口列表中的某条数据,点击右侧的“使用状态”按钮。

操作说明:如果是开启状态,点击之后则是禁用,禁用的港口在企业用户填报追溯信息的时候是无法选择的;如果是禁用状态,点击之后则是开启,在企业用户填报追溯信息的时候,在港口的选项中是可以选择的。

⑤ 在列表顶部可查询港口的功能区域。

操作说明:操作人员可以通过筛选使用状态、城市或输入港口名称和港口编码来查询港口,点击“搜索”按钮,系统会根据设置的查询条件来检索符合的港口,并显示在下面的列表中。

## 10.3.3 境外港口字典

**1. 功能说明**

境外港口字典在追溯信息填报的过程中，需要选择“启运港”的境外港口数据，海关相关人员可以定期管理、维护数据，对港口数据进行添加、编辑、删除，也可批量导入。

**2. 功能路径**

多源信息融合→境外港口字典。

**3. 具体操作**

① 点击港口列表(图 10.8)右上角的“添加港口”按钮，进入添加港口页面。

**图 10.8　港口列表**

操作说明：输入港口中文名、港口英文名、港口编码、所属城市、经度、纬度，然后点击“确认提交”按钮，即完成港口添加，港口编码具有唯一性，经度和纬度可让我们更好地明确港口的位置，也可让我们在统计视图展示的时候通过图形更加形象地显示具体的位置。

② 选择港口列表中的某条数据，点击对应右侧操作列中的“编辑”按钮，进入编辑港口页面。

操作说明：根据需要编辑的信息进行修改，然后点击“确认提交”按钮，即完成港口编辑，编辑完成后弹窗会自动消失。

③ 选择港口列表中的某条数据，点击对应右侧操作列中的“删除”按钮，出现确认删除弹窗。

操作说明：如果点击“确定”按钮，则所选港口数据删除成功。

④ 选择港口列表中的某条数据，点击右侧的“使用状态”按钮。

操作说明：如果是开启状态，点击之后则是禁用，禁用的港口在企业用户填报追溯信息的时候是无法选择的；如果是禁用状态，点击之后则是开启，在企业用户填报追溯信息的时候，在港口的选项中是可以选择的。

⑤ 在列表顶部可查询港口的功能区域。

操作说明：操作人员可以通过筛选使用状态、城市或输入港口名称和港口编码来查询港口，点击“搜索”按钮，系统会根据设置的查询条件来检索符合的港口，并显示在下面的列表中。

## 10.3.4　国家/地区字典

**1. 功能说明**

国家/地区字典可管理、维护平台系统中涉及国家/地区的数据，为了信息的一致性与统一性，海关相关人员可以定期对数据进行维护，如进行新增、编辑、删除等操作，一般涉及的范围包括：在完善企业资料时选择所属的"企业注册地"，在港口信息字典中选择"所属城市"，在追溯信息填报时填写"货物存放区域""销售区域"等。

**2. 功能路径**

多源信息融合→国家/地区字典。

**3. 具体操作**

① 点击列表右上角的"添加地区"按钮，出现添加地区页面。

操作说明：如果是添加国家，选择类型为"国家"；如果是添加地区，选择类型为"地区"。

② 选择国家/地区列表（图 10.9）中的某条数据，点击对应右侧操作列中的"编辑"按钮，进入编辑国家/地区页面。

**图 10.9　国家/地区列表**

操作说明：根据需要编辑的信息进行修改，然后点击"确认提交"按钮，即完成港口编辑，编辑完成后弹窗会自动消失。

③ 选择国家/地区列表中的某条数据，点击对应右侧操作列中的"删除"按钮，出现确认删除弹窗。

操作说明：如果点击"确定"按钮，则所选国家/地区数据删除成功。

④ 选择国家/地区列表中的某条数据，点击右侧的"使用状态"按钮。

操作说明：如果是开启状态，点击之后则是禁用，禁用的国家/地区在企业用户填报追溯信息的时候是无法选择的；如果是禁用状态，点击之后则是开启，在企业用户填报追溯信息的时候，在国家/地区的选项中是可以选择的。

⑤ 在列表顶部可查询国家/地区的功能区域。

操作说明：操作人员可以输入国家/地区名称，点击"搜索"按钮，系统会根据设置的查询条件来检索符合的国家/地区，并显示在下面的列表中。

## 10.3.5　舆情网站字典

**1. 功能说明**

对风险预警舆情信息采集的网站数据进行管理。

**2. 功能路径**

多源信息融合→舆情网站字典。

**3. 具体操作**

① 在舆情网站字典页面，单击“添加网站”按钮，弹出新增网站弹窗(图 10.10)。

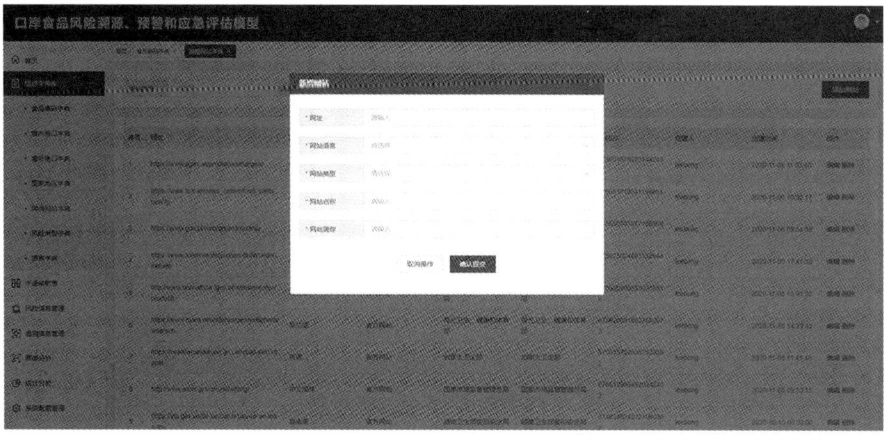


**图 10.10　新增网站弹窗**

操作说明：新增网站弹窗字段全部为必填项，网站语言可下拉选择，选项值来源于语言字典；网站类型可下拉选择，选项值为媒体网站、官方网站。

② 单击“确认提交”按钮，系统保存当前数据，并提示操作成功，新添加的网站数据显示在列表中。

③ 单击“取消操作”按钮，新增网站操作中止，关闭弹窗。

④ 进入舆情网站字典页面，默认显示所有的舆情网站数据，用户可通过网站类型、网站名称进行条件查询。

操作说明：输入查询条件后，单击“搜索”按钮，列表显示出所有符合条件的舆情网站数据。

⑤ 进入舆情网站字典列表页面，选择一条舆情网站数据，单击“编辑”按钮，弹出编辑网站弹窗。

⑥ 在预配舱单管理列表页面，选择一条舆情网站数据，单击“删除”按钮，弹出删除二次确认弹窗。

操作说明：单击“取消”按钮，关闭弹窗，中止删除操作；单击“确定”按钮，所选择的舆情网站信息被成功删除。

## 10.3.6　风险类型字典

**1. 功能说明**

对食品不合格原因进行分别录入、管理，便于后续风险舆情信息的提炼、查询、分析、统计、使用。选择对应的风险，可展示出该风险的下级风险数据列表，用户可在列表上方搜索框中输入风险名称对列表数据进行条件查询。

**2. 功能路径**

多源信息融合→风险类型字典。

**3. 具体操作**

① 在风险类型字典页面，单击“＋”按钮，弹出新增网站弹窗；新增风险弹窗页面风险名称为必填项。

② 单击“确认提交”按钮，系统保存当前数据，并提示操作成功。

③ 单击“取消操作”按钮，新增风险操作中止，关闭弹窗。

④ 点击风险列表处的“＋”号按钮只可添加一级风险，二级、三级、四级风险等在风险列表中点击“…”新增下级。

## 10.3.7　语言字典

**1. 功能说明**

舆情网站使用的语言不同，该功能可以对网站语言进行管理，便于舆情网站字典及国家名称映射功能使用。

**2. 功能路径**

多源信息融合→语言字典。

**3. 具体操作**

① 在语言字典页面，单击“添加语言”按钮，弹出新增语言弹窗(图 10.11)。

**图 10.11　新增语言弹窗**

操作说明：新增网站弹窗中的语言名称为必填项。

② 单击“确认提交”按钮，系统保存当前数据，并提示操作成功；新添加的语言名称显示在列表中。

③ 单击“取消操作”按钮，新增语言操作中止，关闭弹窗。

④ 进入语言字典列表页面，选择一条语言名称数据，单击“编辑”按钮，弹出编辑网站弹窗。

⑤ 在预配舱单管理列表页面，选择一条舆情网站数据，单击“删除”按钮，弹出删除二次确认弹窗。

操作说明：单击“取消”按钮，关闭弹窗，中止删除操作；单击“确定”按钮，所选择的语言名称信息被成功删除。

# 10.4　实时态势理解

## 10.4.1　风险信息查询

**1. 功能说明**

风险信息查询(图 10.12)是指对采集到的海量食品安全预警信息进行统一管理,以预警信息的关键特征为条件对舆情数据进行不同维度的组合查询。可查看每一条信息的详情,若信息为外文,则提供原文详情及译文详情。对有权限的用户提供删除无效信息及导出信息的功能。包含的功能键有查询、查看、删除、导出。

**图 10.12　风险信息查询**

**2. 功能路径**

实时态势理解→风险信息查询。

**3. 具体操作**

① 用户可选择某一个条件进行查询,也可选择多个条件进行查询。

② 输入查询条件后,单击“搜索”按钮,列表显示出所有符合条件的预警信息。

③ 用户可对列表数据进行查看、删除操作。

④ 当输入的查询条件未匹配到数据,列表下方显示“暂无数据”文本。

## 10.4.2　风险信息研判

**1. 功能说明**

输入食品名称、风险名称、国家/地区、发布时间等风险预警关键特征词,通过定向分析模式或比对分析模式研判工具,生成风险信息研判结果。用户可根据研判结果综合考虑是否发起风险隐患预警。包含的功能键有开始分析、预警。

**2. 功能路径**

实时态势理解→风险信息研判。

**3. 具体操作**

① 输入食品名称、风险名称、国家/地区、发布时间等风险预警关键特征词。

操作说明：食品名称和发布时间为必填项，风险名称和国家/地区为非必填项。食品名称可选择一个选项；风险名称可选择三个选项，当未选择风险名称时，默认为全部风险；国家/地区可选择三个选项，当未选择国家/地区时，默认为全部国家/地区。

② 输入选项后单击“开始分析”按钮，显示分析结果(图 10.13)。

**图 10.13　分析结果**

定向分析模式的分析结果分为三个部分：

第一部分为分析条件关联匹配到的所有数据。

第二部分为风险传播趋势的结果展示，根据风险项展示时间范围内的风险发展趋势曲线图(根据用户选择的风险项展示对应数量的趋势曲线，若选择一个风险项，显示一条曲线，若选择三个风险项，显示三条曲线)。

第三部分为追溯关联数据统计，关联追溯系统，统计食品在追溯系统的申报数量、进境数量以及销售数量的占比。

③ 进行比对分析，输入食品名称、风险名称、国家/地区、发布时间等风险预警关键特征词。

操作说明：食品名称、国家/地区以及发布时间为必填项，风险名称为非必填项。食品名称可选择一个选项；国家/地区可选择三个选项，当未选择国家/地区时，默认为全部国家/地区；风险名称可选择三个选项，当未选择风险名称时，默认为全部风险。

④ 输入选项后单击“开始分析”按钮，显示分析结果。

⑤ 预警功能实现：单击分析结果右侧的“预警”按钮，进入发布预警页面。

操作说明：发布预警页面中的 HS 编码、食品名称、风险名称、国家/地区、预警级别、预警名称、预警原因为必填项，IFATS 编码、指导意见、产品描述、适用规则为非必填项，输入食品名称后自动带出对应的 HS 编码。

⑥ 填写发布预警内容后单击“确认发布”按钮，弹出发布预警提示弹窗。

操作说明：单击“取消”按钮，弹窗消失，回到发布预警页面；单击“确定”按钮，提示“操作成功”，系统保存当前数据，并将发布预警信息存储到风险预警池列表。

⑦ 在发布预警页面单击“取消发布”按钮，弹出取消发布提示弹窗。

操作说明：单击“取消”按钮，弹窗消失，回到发布预警编辑页面；单击“确定”按钮，退出发布预警页面。

## 10.4.3 风险预警模型

**1. 功能说明**

用户输入预警特征词条配置风险预警模型，系统根据特征规则与海量舆情风险信息库进行对碰，当采集到的预警信息符合触发条件时，系统自动发出风险预警到风险预警池。风险预警模型列表如图 10.14 所示。

**图 10.14 风险预警模型列表**

**2. 功能路径**

实时态势理解→风险预警模型。

**3. 具体操作**

① 单击风险预警模型页面右侧的“添加模型”按钮，进入新增预警模型页面。

② 填写基本信息及设置预警指标内容后，单击“确认提交”按钮。系统保存数据，模型添加成功默认为启用状态。

③ 可通过“查看”功能，查看当前预警模型的详细设置。

## 10.4.4 风险预警池

**1. 功能说明**

用于管理预警模型所产生的食品安全风险预警以及人工研判后发布的风险预警，通过业务主管部门复核后，正式发布预警通知。

**2. 功能路径**

实时态势理解→风险预警池。

### 3. 具体操作

① 在风险预警池(图 10.15)页面,在列表勾选多条或单条预警信息后单击页面右上角的"发布预警"按钮,进入发布预警页面。

② 是否发起食品召回字段默认为"否",若需要发起食品召回可选择"是",进行食品召回操作。

图 10.15　风险预警池

## 10.4.5　风险预警通知

### 1. 功能说明

用于管理经主管复核正式发布的风险预警通知,可对风险预警通知进行查询、查看、导出。

### 2. 功能路径

实时态势理解→风险预警通知。

### 3. 具体操作

在风险预警通知列表(图 10.16)中选择一条预警通知信息,单击"查看"按钮,进入通知详情页。

图 10.16　风险预警通知列表

## 10.4.6 食品召回记录

**1. 功能说明**

对已发出食品召回的数据进行记录，并实时同步更新追溯系统进口商召回进度，也可发起食品召回通知。

用户可通过食品中文名称、召回发起时间、召回状态、报关单号、进口商、集装箱号等条件对食品召回记录进行查询。召回列表如图 10.17 所示。

图 10.17 召回列表

**2. 功能路径**

实时态势理解→食品召回记录。

**3. 具体操作**

① 当召回记录达 100%时，记录右上角显示"结束召回通知"按钮；单击"结束召回通知"按钮，弹出结束召回通知弹窗，输入结束召回原因。

② 在食品召回记录页面，单击页面右上角的"发起召回通知"按钮，弹出食品召回弹窗。

## 10.4.7 食品安全性评分

**1. 功能说明**

当食品及风险等级划分及评分有法可依、有章可循时，对食品及国家评分进行基础参数设置。

**2. 功能路径**

实时态势理解→食品安全性评分。

**3. 具体操作**

① 对基础参数及权重进行设置后(图 10.18)，单击"保存"按钮，弹出二次确认弹窗。

② 单击"确定"按钮，保存参数设置及权重设置。

③ 单击"取消"按钮，关闭二次确认弹窗，不保存参数设置及权重设置。

图 10.18　设置食品安全性评分

# 10.5　追溯信息管理

## 10.5.1　追溯码管理

**1. 功能说明**

追溯码管理指管理所有企业填报的追溯码。

**2. 功能路径**

追溯信息管理→追溯码管理。

**3. 具体操作**

① 用户可以通过查询条件,输入或筛选报备日期、备案主体、追溯环节、主体码和追溯码,检索符合的数据,将筛选结果显示在下面的列表中。

② 查看追溯码管理,通过菜单导航“追溯信息管理→追溯码管理”,点击二级菜单“追溯码管理”,进入列表页面。

操作说明:通过追溯码管理可以查看所有企业填报的追溯码信息,其中包括所属企业的主体码、追溯码的码段起始值和终止值、追溯码段对应的总数。

③ 操作列表中的数据对应右侧的“使用状态”,点击“ ”按钮来禁用或开启追溯码,如果是禁用的追溯码,那么在查询的时候会出现对应的已禁用的信息。

## 10.5.2　追溯综合查询

**1. 功能说明**

追溯综合查询可以通过不同的维度来检索符合条件的追溯信息。

**2. 功能路径**

追溯信息管理→追溯综合查询(图 10.19)。

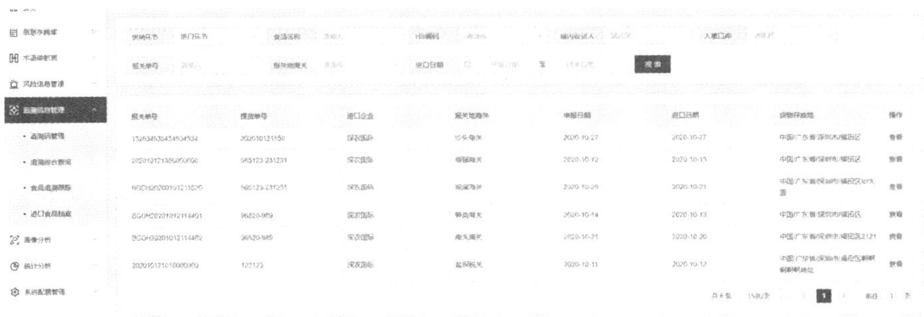

图 10.19　追溯综合查询

**3. 具体操作**

① 通过筛选供销环节，选择或者输入不同的检索条件来查询符合的追溯信息。

进口环节：可以输入食品名称、HS 编码、境内收货人、报关单号，选择入境口岸、报关单海关、进口日期，检索符合的追溯信息，显示在下面的列表中。

操作说明：生产环节。可以输入食品名称、HS 编码、包装工厂、保质期、生产批次号、追溯码，选择生产企业、产地/来源国，检索符合的追溯信息，显示在下面的列表中。

出口环节。通过输入食品名称、HS 编码、运输公司、运输工具、提货单号、集装箱号、追溯码，选择境外发货人、运输方式来查询符合的追溯信息，显示在下面的列表中。

进口分销环节。通过输入食品名称、HS 编码、销售对象、运输方式、联系电话、存货仓库、发货日期，选择分销商、销售区域来查询符合的追溯信息，显示在下面的列表中。

境内分销环节。通过输入食品名称、HS 编码、销售对象、运输方式、联系电话、存货仓库、发货日期，选择分销商和销售区域来查询符合的追溯信息，显示在下面的列表中。

② 通过筛选条件，查询到符合的追溯信息后，选择列表中的某条数据，点击对应右侧操作列中的“查看”，进入不同环节的追溯详情页。

操作说明：通过“查询”筛选不同的追溯环节，查询到追溯信息，选择列表中的某条数据，点击对应的“查看”按钮，页面跳转到详情页，还可以操作左侧的“供销环节”，显示关联的其他环节的追溯信息。

## 10.5.3　食品追溯跟踪

**1. 功能说明**

食品追溯跟踪是通过设置条件创建系统任务，定时地查询符合条件所填报的追溯信息的记录。

**2. 功能路径**

追溯信息管理→食品追溯跟踪。

**3. 具体操作**

① 点击任务列表(图 10.20)右上角的“新增任务”按钮，进入创建任务页面。

操作说明：设置条件的时候，可以多条件组合，也可以单独设置某一条件作为跟踪对象，设置条件后，系统会在设置的周期范围内记录符合的追溯信息。

设置时长是指跟踪任务的周期、有效期；开启时间是指创建任务生效时间；备注可方便操作人员描述任务的目的和用意，方便后期查看。

图 10.20　任务列表

② 选择列表中的某条任务，点击对应右侧操作列中的“记录”按钮，进入某任务的跟踪记录详情页。

操作说明：在记录很多的情况下，可以通过记录列表上面的查询功能，筛选符合的记录数据。

③ 创建任务后需要修改任务，可以点击列表某任务对应的右侧操作列中的“设置”按钮，重新进入编辑任务页面。

操作说明：设置条件、设置时长和开启时间与新增的时候一致。

④ 终止业务：点击列表某任务对应的右侧操作列中的“终止”按钮，出现确认是否终止提示弹窗(图 10.21)。

图 10.21　确认是否终止提示弹窗

操作说明：点击“确定”按钮，终止提交成功，任务在周期范围内仍有效。

⑤ 恢复任务：点击列表中已终止任务对应的右侧操作列中的“恢复”按钮，出现确认是否恢复提示弹窗。

操作说明：点击“确定”按钮，恢复提交成功，任务在周期范围内仍有效。

## 10.5.4　进口食品档案

**1. 功能说明**

进口食品档案是以报关单的粒度建立食品追溯档案，因此，查询的条件是报关单号。

**2. 功能路径**

追溯信息管理→进口食品档案。

**3. 具体操作**

输入已填报的报关单号，点击“搜索”按钮，进入食品档案详情页。

# 10.6　食品风险评估

## 10.6.1　食品安全画像

**1. 功能说明**

食品安全画像指对进口食品及进口国家在一定时间范围内的风险热区、风险发展趋势、风险食品 TOP、风险项 TOP、风险等级占比、食品流通情况等维度进行画像展示。

**2. 功能路径**

食品风险评估→食品安全画像。

**3. 具体操作**

选择时间，输入或选择某个食品，点击“搜索”按钮，显示查询结果。

## 10.6.2　企业画像

**1. 功能说明**

企业画像可展示企业基本信息、追溯信息关联的食品概况、供销链企业和食品产地分布。

**2. 功能路径**

食品风险评估→企业画像。

**3. 具体操作**

① 用户通过筛选企业类型、企业名称、信用代码/经营许可证号、进出口备案号，检索符合条件的企业信息，将筛选结果显示到企业列表(图 10.22)中。

**图 10.22　企业列表**

② 通过筛选条件检索到符合的企业信息后，在结果列表页选择某条数据，点击对应右

侧操作列中的“查看”按钮，进入企业画像详情页(图 10.23)。

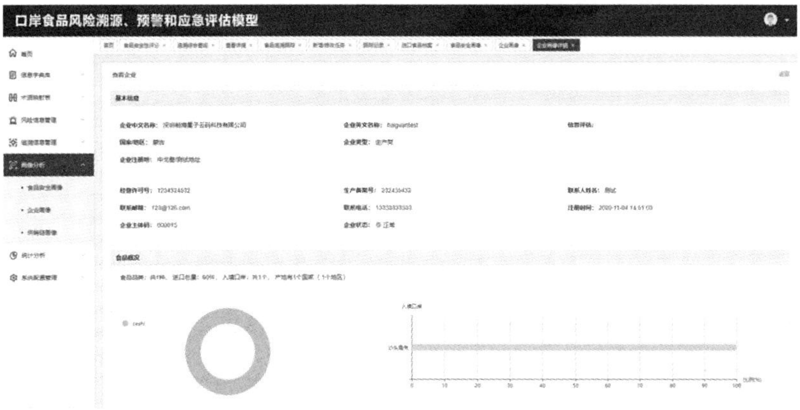

图 10.23　企业画像详情页

操作说明：企业画像详情页显示基本信息、食品概况(食品种类、进口总量、入境口岸数、产地国家数，以及入境趋势图和食品种类占比饼状图)、最新食品和关联的所有供销链企业、进口食品产地分布全球地图。

## 10.6.3　供销链画像

**1. 功能说明**

供销链是指企业从上游生产、出口到进口，再到下游分销，通过贸易形成的上下游供销关系，不同的企业会有不同的供销链，一个企业也许会产生多条供销链，每一条供销链都有唯一的编号，海关可以通过供销链追溯进口食品和入境口岸、境内分销等数据。

**2. 功能路径**

食品风险评估→供销链画像。

**3. 具体操作**

① 供销链列表(图 10.24)：在查询条件中检索企业类型、企业名称、食品名称、HS 编码、入境口岸来查询供销链数据。查询结果列表显示的字段包含供销链编号、生产商、出口商、进口商、入境口岸、信誉评估、建档日期等。

图 10.24　供销链列表

② 查看供销链：通过查询条件，检索符合的供销链数据，然后在结果列表中选择数据，点击对应的右侧操作列中的“查看”按钮，页面跳转到详情页。

# 10.7 态势分析预警

## 10.7.1 预警信息统计

**1. 功能说明**

用户可通过时间、食品、风险等条件组合对预警信息统计(图 10.25)进行查询。

**图 10.25　预警信息统计**

**2. 功能路径**

态势分析预警→预警信息统计。

**3. 具体操作**

查询结果分为两个部分：一部分为国家/地区风险数据侧边栏，单击侧边栏对应的国家/地区名称，列表展示对应的国家/地区的风险数据，通过拉动滚动条显示所有国家/地区的名称及预警次数；另一部分为风险数据统计列表，按月统计。当用户未选择国家/地区时，展示所选食品全部进口国的风险数据统计。

## 10.7.2 追溯统计报表

**1. 功能说明**

追溯统计报表是根据通关日期统计所有企业类型下的所有企业对应的进口食品的数量、净重，以及累计填报的总数。

**2. 功能路径**

态势分析预警→追溯统计报表。

**3. 具体操作**

可通过查询条件查询不同企业类型、入境口岸、入境日期、HS 编码的数量，也可批量导出数据(一次最多可导出 20000 条数据)。

# 10.8　应急评估

## 10.8.1　应急评估模型

**1. 功能说明**

用户输入应急评估特征词条配置应急评估模型，系统根据特征规则与海量舆情风险信息、口岸食品溯源信息库进行对碰，当采集到的预警信息以及口岸食品溯源信息符合触发条件时，系统自动发送应急评估结果到评估记录中。应急评估模型列表如图 10.26 所示。

**图 10.26　应急评估模型列表**

**2. 功能路径**

应急评估→应急评估模型。

**3. 具体操作**

① 单击应急评估模型页面右边的“添加模型”按钮，进入新增应急模型页面。填写基本信息设置及预警指标设置内容后，单击“确认提交”按钮。系统保存数据，模型添加成功默认为启用状态。

② 可通过“查看”功能，查看当前应急模型的详细设置。

### 10.8.2　应急评估记录

**1. 功能说明**

用于管理应急模型所产生的应急评估结果。

**2. 功能路径**

应急评估→应急评估记录。

## 10.9　系统配置管理

### 10.9.1　组织信息管理

**1. 功能说明**

组织信息管理是指所有已注册的企业信息，可以管理企业状态、功能操作权限，该功能主要提供给海关相关人员进行信息管理、查看，企业注册是指企业用户使用电子口岸账号首次登录成功后，进一步完善企业的资料信息。

**2. 功能路径**

系统配置管理→组织信息管理。

**3. 具体操作**

① 查看企业：在企业列表(图 10.27)中选择某条数据，点击对应右侧操作列中的“查看”按钮，进入企业详情页面。

图 10.27　企业列表

② 编辑企业：进入企业详情页，点击底部的“编辑”按钮，进入编辑页面，编辑完成后，点击页面底部的“提交”按钮，完成企业信息编辑。

③ 禁用企业：禁用的企业旗下的所有账号无法使用企业端填报追溯信息的功能，可以

选择列表中正常状态的数据，点击对应右侧操作列中的“禁用”按钮，出现确认是否禁用弹窗。

操作说明：点击“提交”，企业状态更新为“禁用”。

④ 恢复企业：选择列表中状态为“禁用”的企业，点击对应右侧操作列中的“恢复”按钮，出现确认是否恢复弹窗。

操作说明：点击“提交”，企业状态更新为“正常”。

⑤ 编辑权限：选择企业列表中的某个企业，点击对应右侧操作列中的“权限”按钮，出现所选择的企业的编辑权限弹窗。

操作说明：如果是企业类型分配的权限，那么权限无法去掉勾选，编辑企业权限只能编辑未勾选或者手动设置企业配置的权限，点击“确认”按钮，权限编辑成功。

## 10.9.2　组织用户管理

**1. 功能说明**

组织用户管理指海关相关人员可以查看所有企业已登录的账户信息。

**2. 功能路径**

系统配置管理→组织用户管理。

**3. 具体操作**

列表显示所有企业的用户账号信息，可以通过列表上面的查询功能，检索注册日期、企业名称、账号名称、用户姓名，点击“搜索”按钮，筛选符合条件的用户显示在下面的结果列表中。用户列表如图 10.28 所示。

**图 10.28　用户列表**

## 10.9.3　组织类型权限

**1. 功能说明**

组织类型权限是指管理所有企业类型的操作权限，可以为不同的企业类型配置不同的操作权限，可批量授权权限、批量取消权限。

**2. 功能路径**

系统配置管理→组织类型权限。

**3. 具体操作**

① 菜单导航右侧是企业类型列表，分别是生产商、出口商、进口商、分销商，不可以新增和删除企业类型，只能够编辑企业类型的权限。

② 选中某个企业类型，类型列表的右侧就是权限明细，操作人员可以根据实际的业务需求，给对应的企业类型勾选或者去掉某个权限。

③ 点击“保存”按钮，修改后的权限保存成功，同时所关联的企业下所有账户就可以批量获得此更新的权限。

## 章末小结

口岸食品风险溯源、预警和应急评估模型可以满足不同类型用户的个性化或定制化要求，采用 SaaS 模式及接入安全、服务质量、服务等级协议等技术，基于 Java 平台进行软件开发，由口岸食品风险溯源、预警和应急评估 SMART 模型组成，具有数据、功能、界面、流程、安全等方面的可配置性，主要功能包括术语映射表，多源信息融合字典表，用于风险查控研判、预警、召回等的实时态势理解模块，口岸食品追溯跟踪的食品溯源跟踪模块，以及食品风险评估、应急评估等管理功能模块等。从信息系统实现的角度开展快速检测与现场执法智能监控过程的数据优化、抽象和分类，统一 SMART 评价方案和形式化模型的表达方式，开发用于促进食品贸易便利化的口岸食品风险溯源、预警和应急评估模型软件系统，实现重要食品贸易国/地区的风险数据采集、清筛、预警以及数据追溯、收编、汇整，为相关机构提供风险预警服务。